JN063397

Let Us Discuss
Space Activities Together

宇宙開発を
みんなで
議論しよう

Makoto Kureha　　Tetsuji Iseda
呉羽 真 ＋ 伊勢田 哲治―編

名古屋大学出版会

宇宙開発をみんなで議論しよう

目　次

はじめに

本書の目的

本書は，宇宙開発のあり方に関して，市民が自ら考え，議論に参加していくための手引きです[1]．幅広い市民の方たちに，こうした議論に必要な知識やスキルを学んでほしい，というのが，私たちが本書を書いた主要な動機です．

2021年，いくつもの宇宙企業が相次いで民間宇宙旅行を成功させ，人々が宇宙旅行を楽しむ時代の幕開けとして話題になりました．この他にも，宇宙開発は現在，有人・無人の宇宙探査，人々の生活を支える衛星システムの整備，そしてビジネスや安全保障，科学研究のための宇宙利用など，様々な面で大きく進展しています．しかし，こうした宇宙開発の進展の過程で，高度な意思決定が求められる問題もまた，数多く生じてきてしまっています．そこで，社会にとって望ましい宇宙開発のあり方とはどんなものなのかを問い直すことが，いま必要になっている，と私たちは考えています．

どんな宇宙開発のあり方が社会にとって望ましいかを考えるのは，専門家だけでなく，市民の皆さんの役割です．しかし，実のところ，宇宙開発について，市民を巻き込んだ公共の議論はほとんど行われていません．それどころか，宇宙開発を自分たちの生活とは縁遠いものと考え，そのあり方に関して自分なりの意見などはもっていない，という人が多いのが実状でしょう．宇宙開発はしばしば科学技術の「夢」を体現する事業と見なされてきましたが，その一方で，それが社会にとってどんな影響（メリットとデメリット）をもたらしうるかは，必ずしも明らかではないのです．宇宙開発を進めている主体は，国家や企業，あるいは研究者たちから成る科学コミュニティなどです．しかし，宇宙開発に

---

1) 「宇宙開発」という言葉についての解説は第I部第2章で行います．なお，専門家の間では最近，「宇宙開発」という言葉はあまり使われず，「宇宙活動」と言うことが多くなっていますが，本書では，市民の皆さんになじみの深い「宇宙開発」という言葉を使用することにします．

ついて考えることをそういった組織に所属する専門家たちだけに任せてしまうのはよくありません．詳しいことは第 I 部で述べますが，宇宙開発が社会にとって望ましい仕方で行われていくためには，そのあり方に関する議論に市民が加わっていく必要があるのです．

　このような背景を踏まえて，本書は，市民を巻き込んだ公共の議論を通して今後の宇宙開発のあり方を模索していくための道案内を与えることを目指します．このために，宇宙開発をめぐって現在生じている問題についての知識や，それについて考える上でヒントとなる背景知識，それについて市民が議論するための場の設定の仕方やそうした場での議論の仕方に関するスキルなどを，1 冊にまとめています．また，本書ではこうした議論のやり方として「対論型サイエンスカフェ」という手法を提案しており，宇宙開発をめぐって生じている具体的な問題に即して，その手法を用いて行った議論の実例を収録しています[2]．

宇宙科学技術社会論（SSTS）とは何か

　さて，本書は，前述のように，宇宙開発に関する議論のための実践的手引きとして利用してもらうことを目的としていますが，それと合わせて，本書の背景となっている学術分野についても知ってほしいと思います．

　本書が扱うテーマは，宇宙開発と社会との関係という風に捉えることができますが，これはより一般的な〈科学技術と社会との関係〉の一種です．そして，科学技術と社会との関係について考える学術領域として，「科学技術社会論（STS：Science and Technology Studies）」と呼ばれるものがあります[3]．STS とは，

---

[2] 前段落で述べた「社会にとって望ましい宇宙開発のあり方」を実現するためには，市民の意見を実際の宇宙政策に反映させる仕組みを作り上げることが必要になるでしょう．
　しかし，宇宙政策の現状を考えるとこれはなかなか困難なことです．そこで，本書では差し当たり，その手前にある課題として，市民が宇宙開発をめぐる諸問題に関して自分の意見を形成し，議論に参加していけるようにするところまでを具体的な到達目標としています．
[3] 宇宙開発以外の分野に関する研究も含めた STS の全体像についてのより詳しい解説は，伊勢田他編（2013）や，『科学技術社会論の挑戦』全 3 巻（藤垣責任編集 2020a，2020b，

現代の科学技術が様々な問題を引き起こすようになった状況を背景に，科学技術と社会とが互いにどのように影響し合うかを明らかにすることを目的として，様々な分野が寄り集まって成立した領域です．そこでは，原子力等のエネルギー科学や，遺伝子組み換え技術等のバイオテクノロジー，そして最近では人工知能等の情報通信技術（ICT）など，様々な科学技術分野に関して，活発な研究が行われてきました．また，その過程で，科学技術をめぐる政策決定に市民が参加することの重要性が強調されてきました（詳しくは第Ⅰ部を参照してください）．本書でも，こうした STS の研究の中で得られてきた知見を紹介します．これらの知見を踏まえることは，宇宙開発に関する議論を行っていく上で役に立つでしょう．

　しかし実のところ，STS ではこれまで，宇宙開発をテーマにした研究は，限定的な形でしか行われてきませんでした．そこで，本書では，様々な科学技術分野の中でも宇宙開発が特にどんな特徴をもち，それが社会との関係という点でどのように問題になるのか，に着目してみたいと思います．こうして宇宙開発がもつユニークな特徴に焦点を当てることで，科学技術と社会との関係に関してこれまで論じられてこなかった諸問題に光を当てることができるかもしれません．

　先ほど述べたように STS とは，いくつもの異なる分野の知見を融合させた「学際的（transdisciplinary）」な学術領域です．本書でも，宇宙開発と社会との影響関係や，宇宙開発の進展に伴う課題を，多角的な視点から明らかにするために，様々な分野の知見を取り入れた考察を行います．

本書の構成

　本書は 6 つのパートから成り，実際に行われたサイエンスカフェの記録や仮想の対話が収録されるなど，やや変則的な構成をとっています．以下で，各パートの内容をあらかじめ説明しておきましょう．

　第Ⅰ部「なぜ宇宙開発をみんなで議論しなくてはいけないのか」では，本書

2020c），標葉（2020）を参照してください．

4

の問題意識をより深く掘り下げます．特に，宇宙開発のあり方が現在どのように決定されており，そこに市民がどのような仕方で関与しているか，を解説しながら，「なぜ宇宙開発をみんなで議論しなくてはいけないのか」を詳しく論じます．また，宇宙開発にどんな事業があり，いまその動向にどんな変化が生じているのか，そして，科学技術の様々な分野の中で特に宇宙開発にどんな特徴があるのか，を明らかにします．

第Ⅱ部「宇宙開発をめぐる4つの対論」では，宇宙開発について市民を巻き込んだ意思決定が求められる主要なテーマとして，以下の4つを選び，それぞれについて実際に著者たちが実施した対論型サイエンスカフェで展開された議論を紹介しています．

(1) ロマンを理由とした有人月探査
(2) 宇宙資源の開発利用
(3) デュアルユース宇宙技術の研究開発
(4) 宇宙ゴミへの対策

対論型サイエンスカフェとは何か，それが宇宙開発についての議論を進める上でどういう意義をもつかは，第Ⅱ部冒頭部にゆずりますが，このパートを読むことで，宇宙開発をめぐって今どんなことが問題になっているのかを具体的に学ぶとともに，それに関する議論の実例を知ることができるでしょう．

続く第Ⅲ部と第Ⅳ部では，今後の宇宙開発のあり方に関する議論に役立つような，前提知識を提供します．第Ⅲ部「宇宙開発の歴史と展望」では，世界および日本における宇宙開発のこれまでの歴史について解説し，またこれからの宇宙開発の展望を示します．第Ⅳ部「宇宙開発の意義」では，宇宙開発の社会的意義を物質的側面と文化的側面の両面から明らかにすることを試みています．

第Ⅴ部「宇宙開発の科学技術コミュニケーション——現状・課題・ヒント」では，宇宙開発をめぐる議論への市民参加の手法をまとめています．これまでにも科学・技術に関する政策決定に市民が参加するための様々な手法が考案されてきました．ここでは，それらの手法を紹介するとともに，特に宇宙開

発に関してどんな参加の形態がありうるかを説明します．また，宇宙開発について市民により活発な議論を期待する専門家の側と，宇宙開発についてもっと詳しく知りたい市民の側の双方に対して，そうした機会を設定し，活用するためのアドバイスを述べます．

　第VI部「宇宙開発を議論するスキル——合意形成に向けて」では，仮想の対話という形式で，宇宙開発をめぐる議論に市民が参加し，合意形成を目指す上で役立つ議論のスキルを紹介します．実際に宇宙開発について議論していく過程で，市民と専門家，市民と市民，あるいは専門家と専門家の間でも，様々な点で意見の食い違いが生じることが予想されます．そこで本パートでは，こうした食い違いがどのようにして生じるのか，そして，どうすればそれを解消できるのかを明らかにし，実りある議論を進める方法として，「協力的クリティカル・シンキング」を提案します．

　以上の各パートに加えて，本書には，関連する知識を補充するためのコラムをいくつか収録しています．第I部には「宇宙開発のための国内外のルール」，第II部には「宇宙科学・探査」，「宇宙ビジネス」，「宇宙の軍事利用と安全保障」，「宇宙環境問題」，また第IV部には「宇宙SFの歴史と現在」を収録しています．

本書の使い方

本書が主な読者として想定しているのは，以下のような人々です．

(1) 宇宙開発に関心のある市民・学生
(2) 市民にもっと宇宙開発（あるいはより広く科学技術全般）のあり方について考え，議論してほしい研究者や，宇宙開発関連の機関・企業の人，政策立案関係者など
(3) 科学技術社会論を専門とする研究者や，それに関心のある市民・学生・他分野の研究者など

　(1)の人には，宇宙開発が社会との間でどんな問題を生み出している（あるいは生み出しうる）のかを学び，また，それらの問題について考え，議論に参加

していく方法を身につけてもらいたいと思います.

(2)の人には,宇宙開発が社会との間で引き起こしている問題について,市民との議論を通して解決策を考えていく姿勢と,実際に市民と議論する仕方に関するヒントを学んでほしいです.

(3)の人には,科学技術と社会との関係をめぐる問題群について考える基礎を身につけるとともに,さらには,「宇宙開発」という科学技術分野に着目することで,STSではこれまであまり取り上げられてこなかった科学技術と社会に関する問題系についても考えてみてほしいと思います.

また,本書は,大学で科学技術社会論の授業を行う際に,教科書として活用することもできるようにしてあります.本書を用いた具体的な授業設計の方法については,付録の「宇宙開発を大学の授業で議論しよう」を参照してください.

文献

伊勢田哲治／戸田山和久／調麻佐志／村上祐子編(2013)『科学技術をよく考える——クリティカルシンキング練習帳』名古屋大学出版会.

標葉隆馬(2020)『責任ある科学技術ガバナンス概論』ナカニシヤ出版.

藤垣裕子責任編集(2020a)『科学技術社会論の挑戦1 科学技術社会論とは何か』東京大学出版会.

藤垣裕子責任編集(2020b)『科学技術社会論の挑戦2 科学技術と社会——具体的課題群』東京大学出版会.

藤垣裕子責任編集(2020c)『科学技術社会論の挑戦3「つなぐ」「こえる」「動く」の方法論』東京大学出版会.

(呉羽　真)

第 I 部
なぜ宇宙開発をみんなで議論しなくてはいけないのか

1. 宇宙開発への市民参加の必要性

　本書で提案している，宇宙開発を「みんなで議論する」ことは，なぜ必要なのでしょうか？　本章では，その理由を，宇宙開発が社会に及ぼしうる影響や，それに対して市民の皆さんが担うべき責任，といった点から解き明かしてみようと思います．

宇宙開発を「みんなで議論する」というのはどういうことか

　宇宙開発を「みんなで議論する」ことは，「科学技術への市民参加（public engagement）」と呼ばれる取り組みの1つと位置づけられます．科学技術への市民参加と言っても，研究室で科学者や技術者と一緒に科学研究や技術開発を行う，という意味ではありません．こうした研究開発には高度な専門的知識が必要で，誰もが簡単にできることではありません[1]．ここで言われているのは，研究開発の進め方（あるいは特定の研究開発事業をそもそも進めるかどうか）をめぐる問題について決定を下すための議論に，市民が関わっていく，ということです．また，それは，研究開発を進める専門家たちや行政が一方的に市民に情報を伝達し，市民はただそれを受動的に受け取るのではなく，市民の側でも能動的に議論に加わり，両者の「対話」を通して物事を決めていく，ということを意味します[2]．さらに，この議論においては，ある意見にどれだけの人が賛

---

1) 最近では，市民が研究活動そのものに参加する，「シチズンサイエンス」と呼ばれる取り組みも生まれてきています（第V部第1章参照）．ただし，ここでは，これらの取り組みは脇に置くこととします．

2) 科学技術に関する問題について，市民を巻き込んだ議論を通して決めていこうとする姿勢は，政治学における「熟議民主主義（deliberative democracy）」という考え方と一致します．熟議民主主義とは，民主主義の中でも，（科学技術にかかわるものに限らない）様々な物事を，市民も加わる議論によって決めていくことを求める立場です．「熟議（deliberation）」とは，よく考えて議論する，といった意味ですが，そこにおいては，熟慮を重ねることであるテーマについての考えを深め，さらに自らの意見を変容させることが目指されます．同時に，合意形成だけでなく，異なった意見をもつ市民の交流を通じて，人々が物事をより深く考え，他者を尊重する姿勢を身につける意義もあるとされ

成したかではなく，その意見がどんな根拠（エビデンス）に基づいているか，が重視されます．科学技術の問題に市民が能動的にかかわっていく，というのもやはり簡単なことではありませんが，それを実現する具体的な手法として様々なものが考案されています．これらの手法については第V部で紹介します．

　一般に科学技術への市民参加の重要性が叫ばれるようになったのは，科学技術が，私たちにとって好ましくないものも含めて，社会に大きな影響を及ぼすようになり，またそうした中で専門家だけでは決められない問題群が生じてきたためです．こうした問題の領域のことを，「トランスサイエンス」と呼びます．この言葉は，核物理学者のワインバーグ（Weinberg 1972）が考案したもので，彼はそれを，「科学によって問うことはできるが，科学によって答えることのできない問題群から成る領域」と定義しています（小林 2007 も参照）．ここには，私たちの知識の不確実性や扱う対象の特性に由来する不確実性を含む問題，そして価値にかかわる問題が含まれます．ワインバーグが挙げる例では，低レベル放射線がどれほどの確率で生体に影響（遺伝的突然変異）を及ぼすか，という問題や，巨大地震がどれだけの確率で発生するか，という問題などがそこに含まれます．また，いま私たちを脅かしている新型コロナウイルス感染症（COVID-19）に関しても，「人々が外出を避け，接触を断つことで感染を防止できる」，という点では感染症を専門とする科学者たちの見解は一致していますが，「感染のリスクはある程度受け入れてでも，経済活動を維持すべきではないのか」という価値にかかわる問題について聞かれると，専門家は自らの科学的知識に基づいて答えることができません．こうしたトランスサイエンスの問題は，専門家だけに決定を委ねてしまうべきではなく，専門家を含む社会のメンバーみんなで議論して決めるしかない，とワインバーグは言います．

　宇宙開発をめぐっても，トランスサイエンスに属する問題がいくつもありま

ます．これは，市民が選んだ代表だけが加わる議論によって物事を決めていくエリート主義的な立場や，投票行動のみが民主主義であるとする立場に対する批判的な意味合いも込められています．

す．不確実性を含む問題としては，たとえば，宇宙飛行士や宇宙旅行者が宇宙空間に長期滞在する場合，宇宙空間を飛び交っている放射線のためにどれだけの健康被害をこうむるか，といった問題があります．また，それ以上に重要なのが，価値にかかわる問題です．こうした問題としては，「月に人を送ることには巨額の予算を割くだけの意義があるのか」という宇宙探査の価値をめぐる問題や，「月の資源を利用するために月の環境を変えてしまってよいのか」という宇宙環境の価値をめぐる問題，などがあります．

　ただし，宇宙開発の場合，はっきりとした影響（特に，人々の生命や健康を脅かすようなマイナスの影響）が及ぶ人々の範囲は大きくありません．このため，市民サイドからすれば，宇宙開発は生活から縁遠いように感じられ，それについて積極的に考えようという気が起こりにくい面があるでしょう．また，政策サイドからすれば，たとえば原子力発電の場合などと違って，市民の合意がなくても事業を進めることができてしまう，という面があります．

　しかし，本当にそれでよいのかというと，そうは考えられません．以下では，市民が宇宙開発に関する議論に参加すべき理由と，政府や宇宙コミュニティ（宇宙科学の研究者たちや JAXA のような宇宙機関・宇宙企業の関係者たちから成るコミュニティ）がそうした議論を通して市民の意見を取り入れていくべき理由を，順に解説していきます．

なぜ市民は宇宙開発に関する議論に参加すべきなのか

　さて，なぜ市民は宇宙開発に関する議論に参加すべきなのでしょうか？　ここでは，その答えとして，一般市民といえども，宇宙開発のあり方に対して利害関係をもっており，またそれに関する議論に参加していく資格や責任を負っている，ということを説明したいと思います．

　ある事業から利益や損害をこうむるかもしれない人のことを，その事業の「ステークホルダー（利害関係者）」と呼びます．なお，これに対して，事業に能動的に参加する人や組織・機関を指して，「アクター」と呼びます．宇宙開発の場合，それを進めるアクターは，各国政府や，NASA，JAXA などの宇宙機関，宇宙関連の企業や，宇宙科学の研究者コミュニティなどです．ここで重

要なのは，ある事業のアクターではない人も，その事業のステークホルダーになることがある，という点です．宇宙開発においても，それと利害関係をもつステークホルダーには，先ほど挙げた組織に属す人々（政治家や宇宙機関の職員，企業関係者，研究者など）に加えて，それに直接かかわらない市民の皆さんも含まれるのです．

　一般市民が宇宙開発に関してどのような利害関係をもつのでしょうか？　1つには，パトロンとしての利害があります．ここで踏まえておかなければならないのは，科学技術の研究開発にはお金がかかる，ということです．そして，宇宙開発は，科学技術の中でも，「ビッグサイエンス」[3] と呼ばれる，特にコストが高くつく分野の1つです．その費用がどこから提供されるのかと言うと，主として，市民の皆さんが支払っている税金なのです．そうである以上，一般市民の皆さんも，納税者として，自らの払った税金が宇宙開発においてどんな風に使われるかについて意見する資格をもつことになります．たとえば，太陽系の姿を明らかにする宇宙探査のことを，「夢のある」事業なのだからもっと予算をつけるべきだ，と考える人がいるでしょうし，反対に，そんな地上の生活に役立たないものに使うくらいなら税金を返してほしい，と思う人もいるでしょう．これらはいずれも市民の意見として考慮されるべきまっとうなものですが，議論に加わっていかないと，こうした意見を政策に反映させることはできません．また，宇宙について漠然とであっても「夢のある」イメージを抱いている人は多いと思いますが，（後で詳しく述べるように）宇宙空間を軍事的・商業的目的のために利用する動きが活発化しており，こうした動きが進んでいった結果，宇宙は皆さんの抱くイメージとかけ離れたものになってしまうかもしれません．そうした事態を避けるためにも，議論に参加していくことが必要になります．

3）ビッグサイエンスとは，巨額の資金を必要とすることの他に，多数の研究者から成る組織によって遂行されることや，大型装置を使用すること，といった特徴をもつ科学分野群を指します．そこには，宇宙開発の他に，大型望遠鏡を用いた天文学や，加速器を使用する高エネルギー物理学，原子力などの研究開発に携わるエネルギー科学，などが含まれます（Weinberg 1961）．

　最近では，税金以外にも，クラウドファンディングや寄付という形で，宇宙開発の進展を望む人々がそのコストを負担する取り組みも増えています．また，（後で述べるように）裕福な起業家やベンチャー企業等が宇宙ビジネスに参入することが多くなっており，こうした企業に投資する人もいます．こうして，市民の中でも，宇宙開発のあり方に対して直接的な利害関係をもつステークホルダーの範囲が拡大してきています．これらの人々は宇宙開発のあり方について，他の人々以上に大きな利害関係をもつことになります[4]．

　以上のような利害関係に加えて，市民は，納税や寄付，投資をするかどうかにかかわらず，社会の一員として，宇宙開発について考える責任を負うような場面があると考えられます．その根拠として，「市民である以上，単に受動的に政府から保障された権利を享受するだけでなく，よりよい社会を築くために政治をはじめとした公共的な事柄に積極的に参加することが必要である」，という考え方があります．ここで市民に求められる資質は「シチズンシップ」と呼ばれます（日本語では「市民性」などと訳されます）．これは理想であって，簡単には実現できないものであることは確かです．とはいえ，たとえば，気候変動のような地球上の環境問題に関して，現在世代，つまりいま生きている人々が，それを自分たちの考えるべき問題と思わず，何の対処もしなければ，将来世代（つまり今後生まれてくる人々や，いまはまだ幼く物事を考える能力を十分に備えていない人々）や人間以外の生き物が，いずれ困った目に合うことになってしまいます．そこで，こうした事態を避けるために，私たちは，これらの問題について考え，対処しなければならないわけです．

　宇宙開発においてもまた，先ほど紹介したように，市民が考え，対処しなければならないトランスサイエンスの問題がいくつもあります．これらの問題を市民が放置し，国家や企業が自らの利益のために宇宙開発を行い，宇宙の軍事化や商業化が進んでいくことで，宇宙環境が汚染されたり，将来世代の利益が

　4）他にも，市民が，たとえば射場などのある地域の住民として，より直接的な仕方で宇宙開発に利害関係を有する場合もあります．宇宙開発のアクターとステークホルダーに関するより詳しい整理として，呉羽他（2018）を参照してください．

脅かされることになったりすることが起こりかねません．こうして宇宙開発が望ましくない影響をもたらしてしまう事態を避けるには，市民の皆さんが宇宙開発に関する議論に参加していかなくてはならないのです．

なぜ政府や企業は市民の意見を取り入れるべきなのか

　宇宙開発について考える上でまず重要なのは，宇宙開発の主体はいったい何かということです．ここでは大きく分けて，「政府」と「企業」の 2 つがあると考えてみましょう．まず考察の対象とすべきなのは，規模の面から言っても政府による宇宙開発でしょう．

　そして，宇宙開発のように，政府が主な役割を担う分野であり，なおかつ高度に専門的な知見が必要とされる領域では，聞くべきなのは市民よりむしろ専門家の意見であり，極端に言えば，それだけを聞いていればよいという考え方もあるかもしれません．そういった発想は珍しいものではありませんし，公共政策の形成や実施に専門家が不可欠なのも確かです．実際，政策研究の分野では，EBPM（Evidence-based Policy Making，エビデンスに基づく政策形成）が世界的な潮流となっており，日本でも統計改革を中心に，個別の省庁レベルの取り組みをはじめとして，様々な試みが展開しています．

　EBPM とはその名の通り，「エビデンス」に基づいて政策を立案すべきという理論や運動のことを指しています．なぜエビデンスが重要視されているかと言えば，それが単純に質の高い政策に結びつくからです．それに加え，市民への説明責任（accountability）を果たす上でも重要だと言われています．

　説明責任に関しては様々な議論がありますが，ここでは「なぜそのような政策を立案し，実行したのかを市民に対して説明する責任」とごく簡単に定義しておきましょう．この説明責任を果たす上で，EBPM は，「このエビデンスに依拠したからだ」という説明の理路を責任者に提供します．では，そこで言われているエビデンスとは，一体どのようなものでしょうか．

　一般的に，EBPM におけるエビデンスとは，RCT（ランダム化比較試験）などによって同定されるものだと言われています[5]．もちろん，実際には実験を行うことが難しい政策が多いため，日本に限らず米英でも，統計データの解析

や，数値目標に対する達成度といったものもまとめて「エビデンス」と称されることが多いとされています．

EBPM は，宇宙開発とも無関係ではありません．たとえば，宇宙開発がかかわる「科学技術イノベーション政策」においても，EBPM の考えが浸透しているほか，JAXA においても評価が行われています．では，宇宙開発にはわざわざ市民の声を取り入れる必要などなく，エビデンスにしたがって決めればよいのでしょうか．決してそうではありません．宇宙開発における説明責任の果たし方は，いわゆる「普通の政策」とは大きく異なっているからです．

たとえば宇宙開発を考える上では，「有効性」ではなく「必要性」を考えなければなりません．EBPM においては，「何が役に立つのか」という「有効性」への関心が強いとされていますが，宇宙開発の場合には，そもそも宇宙開発が必要なのかどうか，いわゆる「必要性」も考える必要があります．

そもそも，政府による宇宙開発に必要な資源は，市民の税金によって賄われていることも忘れてはいけません．先の指摘に合わせて言えば，市民全体が宇宙開発のステークホルダーとも考えられます．したがって，政府は市民に対して，どうして宇宙開発を進める必要があるのかを納得させなければならないのです．最悪の場合，宇宙開発のための資源調達が困難になることすら起きうることを踏まえれば，政府は市民の意見をしっかりと聞いた上で宇宙開発推進の是非を検討すべきだと言えます．

では，政府はどのような市民の声を聞くべきなのでしょうか．宇宙開発のように，関心を持っている人が多いとは言えない分野においては，ごく一部の強い関心を持っている人や，はっきりとした利害関係のある人の意見だけが取り入れられる可能性があります．後に述べるように，選挙においても科学技術に関連する政策分野は争点になりにくいということも鑑みれば，単に関心のある

---

5) RCT（Randomized Control Trial）とは，ある集団をランダムに介入群（トリートメントグループ）と統制群（コントロールグループ）の 2 つに分け，前者にのみ介入を行って後者と比較することで，介入に効果があるのかどうかを確認する手法です．医学分野で主として活用されてきたものですが，最近は政策の効果を検証するのにも使われることが増えてきました．

人たちが何かを言ってくれるのを受け身で待っているのでは問題があります.

　また,宇宙開発は市民にとって馴染みが薄く,生活との結びつきも実感されていないため,そもそも税金を投じる価値があるのかといった点を論じなければなりません.よって,EBPM の手続きにしたがって「有効性」のある政策案を同定することと同時に,「必要性」をめぐる議論を通じて,市民の合意を調達し,説明責任を遂行することもまた宇宙開発にとっては重要だと言えます.

　もちろん,宇宙開発の「必要性」を説明するために,エビデンスが用いられるのは望ましいことです.ただ,それと同時に,多様な経路を通じた市民参加の取り組みも必要とされています.元来,科学技術政策は選挙の争点にもなりにくく,政党間でも公約に大きな違いが無いことが指摘されています(種村 2018).この,政策分野独特の違いは,宇宙開発における説明責任の遂行を考えた場合,選挙以外のアプローチが試行されるべき理由の 1 つです.

　では,企業の宇宙開発に関してはどのように考えられるでしょうか.近年の宇宙開発への民間企業の進出は無視できなくなりつつあります.日本は民間企業の宇宙開発に関して,他国の後塵を拝してきましたが,徐々に進んできています.2021 年には,民間企業の宇宙開発を促進するための「宇宙資源の探査及び開発に関する事業活動の促進に関する法律」(宇宙資源法)が成立し,政府も民間企業の動きをバックアップしています.民間企業の役割は,宇宙開発の今後を考える上で欠かすことはできない側面だと言えるでしょう.

　政府と違って税金に頼っているわけでない企業は,宇宙ビジネスを進めるに当たって,(投資家などを除く)一般市民の意見を気にかけなくても構わないでしょうか? 　そうは言い切れません.近年企業倫理のあり方として注目されている「企業の社会的責任(CSR : Corporate Social Responsibility)」の考え方では,企業が(人権問題や環境問題を含む)社会的課題に取り組むことが求められ,またそうした取り組みが長い目で見た企業の利益にもつながると考えられています.これは宇宙企業にも当てはまります(杉本 2018).裏を返せば,企業がそうした取り組みに消極的である限り,社会からの反発をこうむる可能性があります.たとえば,Amazon.com の創設者で宇宙企業ブルーオリジン社を率いるジェフ・ベゾスが 2021 年に自社の宇宙船に乗って宇宙旅行を行った際,オン

ライン署名サイトの change.org にて「ジェフ・ベゾスの地球帰還を許さない」と題した署名運動が展開され，短期間で多数の賛同者を集めました．この反応は，貧富の差が広がり，地上に様々な課題が山積している中，それらを放置して自分の目的のために富を費やす億万長者への反発と見なせます（青葉 2021）．こうした反発を避け，宇宙ビジネスが今後順調に発展していくためには，企業が自身の社会的責任を認識することが求められ，またそれを果たすために市民の意見を取り入れていくことが有効な手段になると考えられます．

2. 宇宙開発とその動向

　前章では，市民が宇宙開発のあり方に対して利害や責任を負っている，ということを述べました．しかし，ここまで読んでもまだ，「宇宙開発がどういうもので自分たちとどう関係するかわからない」と感じる人や，「宇宙の問題より地上の問題の方が先決だ」と考える人が多いのではないでしょうか．そこで次に，宇宙開発とはどういうものなのかを簡単に説明し，そのあり方について特にいま議論することが必要である理由を説明したいと思います．

「宇宙開発」とは何か

　今さらですが，「宇宙」とは何か，を明確にしておきましょう．まず，私たちのいる世界全体を指す 'universe' としての「宇宙」と，地球の外部に広がる空間を指す '(outer) space' としての「宇宙」を区別しなければなりません．この本が話題にするのは後者です．さて，地球の外部と言っても，どこからが宇宙なのでしょうか？　実は，定まった定義はないのですが，大気が十分薄くて人工衛星が周回可能なおよそ高度 100 km 以上が慣例的に「宇宙」とされることが多いです．この意味での「宇宙」の中でも，地球近傍の周回軌道[6]は，

　6）月も地球を周回していますが，本書では「地球近傍の周回軌道」と言ったときには，月などは含まず，静止軌道（人工衛星の公転周期が地球の自転周期と一致し，地上からは

皆さんの生活にもかかわりの深い人工衛星が飛び回っており，私たちの生活を支えるインフラになっています．これに対して，宇宙空間の中でも，月や，その先のいわゆる「深宇宙」[7]は，多くの SF 作品などの舞台になってきたものの，現実にはまだまだ未開の「フロンティア」という性格が強いです．そこでは，科学的な探査・観測と工学的な技術実証を目的として宇宙探査機が飛び回っています．人間は，米国のアポロ計画で 12 人の宇宙飛行士が月に行った以外，誰も地球以外の天体に到達したことがありません．

　それでは，「宇宙開発」とは何でしょうか？　そこには非常に多種多様な事業が含まれており，ここでその全体について解説するのは無理なので，その種類や一部の事業をごく簡単に紹介しておきます（詳しくは，呉羽他（2018）を参照してください）．

　宇宙開発の諸事業には，いくつかの分類の仕方があります（表 1-1）．目的の点から見れば，(1)人工衛星やロケットを用いて宇宙の姿を観測したり，宇宙探査機を送り込んで他の天体を調べたりする「科学・探査」（詳細はコラム「宇宙科学・探査」を参照），(2)人工衛星を用いて他国の状況を監視する，などの「軍事・安全保障」（詳細はコラム「宇宙の軍事利用と安全保障」を参照），そして，(3)「民生」，のように分けられます．このうち(3)には，(3-a)企業が商業目的で行うもの（詳細はコラム「宇宙ビジネス」を参照）に加えて，(3-b)各国政府等が公的サービスを提供するために行うものがあります．具体的には，地球周回軌道上の人工衛星を用いた以下のようなサービスが含まれます．

・人工衛星から地球上の多数の受信者に向けて信号を送る「衛星放送」や，人工衛星を介して地球上の離れた場所同士の間で双方向通信を行う「衛星通信」

あたかも衛星が静止しているかのように見える，高度約 36,000 km の軌道）までを指すこととします．

7)「深宇宙」という言葉も，どこからを指すのかが，人によって違います．この本では，宇宙空間の中でも，月を含む地球周回軌道より遠方の，火星のような惑星や小惑星などが位置する領域を指すことにします．

表I-1　宇宙開発の種類

・目的に応じた区別
　1. 科学・探査
　2. 軍事・安全保障
　3. 民生（通信・放送，地球観測，測位，等）
　　a. 商業
　　b. 公的サービス
・行き先に応じた区別
　I. サブオービタル飛行
　II. 地球周回軌道上の人工衛星の利用や宇宙ステーションでの活動
　III. 月・深宇宙探査
・人間のかかわり方に応じた区別
　i. 無人宇宙開発（人間の搭乗していない人工衛星や宇宙探査機の活動）
　ii. 有人宇宙開発（宇宙ステーション計画，有人月探査計画，宇宙旅行，等）

・遠方から対象物を触れずに調べる「リモートセンシング技術」を用いて，人工衛星から地球上の気象や，災害の状況，資源のありか，環境の状態などを観測する「地球観測」
・米国の GPS[8]やその日本版と言われる準天頂衛星システム（QZSS）「みちびき」のように，人工衛星が発する信号を用いて地球上の位置を知らせる「測位」

　皆さんになじみの深い気象観測や GPS などが含まれていることからも，私たちの社会がいかに宇宙開発に依存しているのかがわかるでしょう．
　また別の分け方では，行き先に応じて，宇宙開発の諸事業を，以下のように分けることができます．(I)宇宙空間へ行くけれども地球周回軌道に乗ることなく地上に戻ってくる「サブオービタル飛行」（弾道ミサイルの飛行や，短時間の科学観測や観光を目的として行われる飛行など），(II)地球近傍（静止軌道まで）の地球周回軌道上の人工衛星の利用や宇宙ステーションでの宇宙飛行士の活動．(III)月や深宇宙での探査機や宇宙飛行士の活動．
　さらにもう1つの区別の仕方として，宇宙開発は，人間の関与の仕方に応じ

---

8)「GPS」は「全球測位システム（Global Positioning System）」の略で，QZSS などと並ぶ「全球測位衛星システム（GNSS : Global Navigation Satellite System）」の一種です．

て, (ⅰ)人間の搭乗していない人工衛星や探査機を宇宙に飛ばす「無人宇宙開発」と, (ⅱ)人間がロケットやシャトルに乗って実際に宇宙（宇宙ステーションや他の天体）に行く「有人宇宙開発」, の2つの種類に分けられます.「宇宙開発」と聞くと真っ先に宇宙飛行士を思い浮かべる人がいるでしょうが, 彼らが実際に宇宙へ行き, そこで活動するのが有人宇宙開発です. 現在の宇宙飛行士の活動の舞台は主に, 地上約400km上空を回っている「国際宇宙ステーション（ISS: International Space Station）」で, そこでは宇宙飛行士が常時滞在して科学実験・研究や地球・宇宙の観測等を行っています（コラム「宇宙科学・探査」も参照）. ISS計画は米国, ロシア, ヨーロッパ, 日本, カナダの5か国／地域によって行われており, 2024年までISSの運用が決まっていましたが, 米国はその後も民間主導で2030年まで運用を延長する方針を発表しました. また, 以上とは別に, 中国が有人宇宙輸送機（「神舟」）や宇宙ステーション（「天宮」）の開発・運用計画を独自に行っています. 以上は国家（あるいは国際機関）が主導で現在行っている有人宇宙開発の計画ですが, 最近は企業等が行う民間の有人宇宙開発（宇宙旅行）への機運が高まっています. これまでに実現しているものとしては, 民間人が（高額な料金を支払って）ISSに滞在するサービスが2001年から行われており, 2021年12月には日本の実業家・前澤友作氏も体験しました. また, 2021年7月には, サブオービタル飛行による宇宙旅行サービスの提供を目指すヴァージン・ギャラクティック社の創業者リチャード・ブランソンと, ブルーオリジン社のベゾスが, それぞれ自社の宇宙船に自ら搭乗し, 相次いで有人飛行を成功させました. 続いて, イーロン・マスク率いるスペースX社が, 民間人だけで地球を周回する宇宙旅行に成功しました. さらに, ベゾスやマスクは, 月や火星への宇宙旅行の実現を目指すと公言しています. 現在の技術ではそれを安全に達成できる保証はありませんが, こうした野心的な起業家たちの発言は宇宙開発を引っ張っていく原動力になっています.

宇宙開発の動向の変化

次に, ここ最近, 宇宙開発をめぐって生じている, いくつかの重要な動向に

ついて説明します．

　まず，月・深宇宙探査の進展について触れておきましょう．2020 年に小惑星リュウグウから地球にサンプルを持ち帰った日本の小惑星探査機「はやぶさ 2」や，2021 年に火星着陸を成功させ，火星に生命がいた痕跡を探っている NASA の火星探査車「パーサヴィアランス」などは，ニュース等で大きく取り上げられ，話題になりました．また，米国を中心とする諸国は，2025 年以降にアポロ計画以来となる有人月着陸を実現する，という「アルテミス計画」を立てており，日本も加わっています．さらに，各国は水を始めとする月の資源を利用できるようにすることを目指しており，これが実現すれば，より遠方の宇宙への進出も容易になるでしょう．このように人類がその活動範囲を宇宙に広げていっている状況を，かつてヨーロッパ人が未知の海に乗り出していった時代になぞらえて，「宇宙大航海時代」の到来と呼ぶ人もいます．

　また，特にここ最近の最も重要な変化として挙げられるのが，先にも触れた民間宇宙ビジネスの発展です．詳しくはコラム「宇宙ビジネス」で紹介しますが，スペース X 社をはじめ，ベンチャー企業や大手 IT 企業が宇宙開発の重要な担い手になりつつあるのです．この中で，新しいサービスやビジネスモデルも登場してきています．このような，新興の民間企業が進める新しい宇宙開発の潮流は，政府や伝統的な航空宇宙産業が主導してきた従来の宇宙開発と対比して，「ニュースペース」と呼ばれ，ビジネスの世界でも注目を集めています．こうした民間企業の宇宙開発への参入は，別の言い方をすれば，宇宙の「商業化」が進められている，とも言えます．

　加えて，宇宙開発の担い手の変化という点では，新興国の台頭も重要です．宇宙開発は，それが始まったころから，米国とソ連の競争として行われており，冷戦が終わった後，米国とロシアに加えて，ヨーロッパや日本，カナダなど，少数の国や地域が協力しながら進めてきました．しかし最近は，中国やインドなど，「新興国」と言われる国々が野心的な宇宙開発計画を推進しているのです．たとえば中国は，独自の宇宙ステーション「天宮」を建造・運用しており（2022 年頃完成予定），また同時に月探査計画（「嫦娥計画」）をも進め，世界の宇宙開発をリードする姿勢を見せています．

　さらに，これと並行して，各国が安全保障または軍事を目的とした宇宙利用を活発化させています（この状況は，宇宙の「軍事化」とも呼ばれます）．正確には，人工衛星のような宇宙技術の開発はそもそも軍事的な目的が主要な原動力でしたが（鈴木 2011），軍事化の動向は近年顕著になっているのです．詳細はコラム「宇宙の軍事利用と安全保障」で解説しますが，米国では 2019 年にトランプ前大統領が「宇宙軍」を創設しており，日本でも 2020 年に航空自衛隊の中に「宇宙作戦隊」が設置（2022 年に上部組織「宇宙作戦群」を新編）されたことはその表れと見なせます．

　また，最近の宇宙開発では，「持続可能性」がキーワードになっていることも注目すべき動向です．2015 年に国連で定められた SDGs[9]は，様々な分野における取組み推進が関係しており，宇宙開発も例外ではありません．日本でも，JAXA が SDGs に資する宇宙開発の取組みを推進しています[10]．たとえば，宇宙からの森林変化の観察を通じて，適切な森林管理に資する情報を提供する取組みはその一例でしょう．

　持続可能性との関係について言えば，宇宙開発を通じて持続可能性に貢献するというアプローチだけでなく，宇宙開発そのものをいかにして持続可能なものにしていくかという視点も重要です．この点は第 III 部でも触れられますが，宇宙開発を滞りなく進めるための環境整備や，地球資源の管理，さらには宇宙開発によって生じる CO_2 など，考えなくてはいけないことはたくさんあります．これらを適切に管理していくことが，持続可能な宇宙開発にとって必要不可欠であることは間違いありませんし，私たち市民も，宇宙開発に伴うこれらの可能性や困難を知っておく必要があると言えるでしょう．

　以上のように，いままさに宇宙開発のあり方は大きな変化を迎えています[11]．

9）SDGs（Sustainable Development Goals）とは，2015 年の国連サミットで定められたもので，17 の目標が掲げられています．地球環境を保護し，気候危機に対応するための取組みがその内容です．

10）JAXA ウェブサイト「SDGs への貢献」．https://www.jaxa.jp/about/iso/sdgs/index_j.html （2021 年 3 月 31 日閲覧）

11）最近の宇宙開発の動向については第 III 部も参照してください．

そこで，いま宇宙開発のあり方を考えておかないと，後で取り返しのつかないことになりかねない，というわけです．

3. 宇宙開発への市民参加の現状

　市民が宇宙開発のあり方について考え，積極的に関与する上では，宇宙開発がこれまでどのような考えのもとで進められてきたのか，何が課題とされてきたのかといったことについての知識も重要です．本章ではそれをふまえつつ，国内外の市民参加の現状についてまとめます．

日本の宇宙開発の担い手の変遷 [12)]
　日本の宇宙開発は，戦後，米国の強い影響の下で始まりました．冷戦が激化する中，米国からの技術供与を受けつつも，日本の宇宙開発に関しては，原則的に平和利用を目的として長らく推進されてきたことが知られています．それと同時に，日本の宇宙開発は，技術開発に重点をおいた公共事業の意味合いも強いものでした．それは，1968 年当時の総理府に設置された「宇宙開発委員会」が，技術的な専門家を構成員としていたことを背景としています．

　2001 年には，省庁再編の一環で，宇宙開発委員会が文部科学省の所管に移されますが，これは改革の結果というよりは，既存の路線（公共事業，技術継承としての宇宙開発）を強化するものでした．その間に起きた世論からの官僚機構への批判は，宇宙コミュニティの間ではそれほど深刻に受け止められていなかったようです．

　むしろ，1998 年に北朝鮮がテポドンミサイルを打ち上げたことの方が，宇宙開発に与えたインパクトは大きいものがありました．この出来事は，2008 年に成立する「宇宙基本法」における「平和利用」原則の解釈変更や，「産業

---

12) 本項の記述全般は，鈴木（2011）及び坂本（2017）に依拠しています．また，本書第 III 部第 2 章で，日本の宇宙開発の歴史を詳しく解説しています．

化」推進の変更といったかたちで反映されました．これにより，安全保障面での宇宙開発の促進が目指されると同時に，技術開発だけでなく，「利用」もまた大きな目標の 1 つとして掲げられるようになります．

　また，宇宙基本法の下で 2008 年に内閣総理大臣を本部長とする「宇宙開発戦略本部」が内閣に設置されました．現在は，2016 年に内閣府に設置された「宇宙開発戦略推進事務局」がその事務を担い，司令塔的存在として各省庁との連携や調整を行うという構造になっています．さらに 2012 年には，文部科学省の所管だった宇宙開発委員会が廃止され，それに代えて，有識者から成り，宇宙政策を調査・審議する「宇宙政策委員会」が内閣府に設置されました．

　日本の宇宙開発に関しては，このように，1990 年代から急速に推進体制の変革が進み，現在は省庁横断的な司令塔の設置に至っています．こういった変革の流れにおいて，世論の動向が全く無関係だったというわけではなく，世論への配慮はずっとなされてきたと言えるでしょう．

　しかし，こういった世論への「配慮」は，世論の様子を政治家や官僚が一方的にうかがうというもので，「市民参加」とは言い難いものです．これに対して以下では，熟議のような，いわば「積極的」な市民参加の実態を見ていきたいと思います．

宇宙開発への市民参加の現状（国内）

　第 V 部で詳しく見るように，宇宙開発において，「積極的」な市民参加のあり方を模索する動きは既に始まっています．また，産業振興の観点からは様々な 'public engagement' が進んでいます．

　日本の宇宙開発利用を支える実施機関は，独立行政法人「宇宙航空研究開発機構」（以下，JAXA と記す）です．JAXA においても市民を巻き込んだ取組みの重要性は認識されています．その証拠に，JAXA では 2004 年から 2018 年にかけて，145 回に及ぶタウンミーティング[13]を実施しており，詳細なアンケー

13）タウンミーティングとは米国で発達した市民参加の手法です．一般的に，地域住民の多くが集まって予算や政策について，時には市の職員や政治家たちも交えて意見を交換す

24

ト結果や，市民から提出されている意見などが示されています．このように，宇宙開発をめぐっては，単に世論の様子をうかがうだけでなく，積極的な市民参加が模索されてきたと言っていいでしょう[14]．

ところが，これらの市民参加を通じて集められた意見が，どれほど宇宙開発に反映されているかは判然としていません．実際には，これらで得られた意見が政策形成にフィードバックされて政策が変わるという事例は，ほとんど見受けられません．JAXAのウェブサイトにも，タウンミーティングは「地元の皆様と宇宙・航空の研究開発について語り合う意見交換の集会の場と考えています」と記されているにとどまり[15]，具体的な活用方途は不明確だと言えます．

こういった問題は，JAXAにおいて，「広報」と市民参加がしばしば混同されていることに原因があるように思われます．JAXAはイベントやSNSでの発信など，広報戦略に注力してきた組織です．タウンミーティングもまた，「意見交換会」という，広報の一環として推進されてきた側面が強いものでした．広報は，先に挙げた説明責任を果たす上でも有効な方策の1つであると言えますが，これは市民参加とは異なったものです[16]．

宇宙開発は複雑であり，そのあり方を議論するためには，高い専門性も要求されます．それらに理解がない人々の散漫な関心による評価が，かえって現場を疲弊させているとの指摘もなされています（張替・山谷 2020）．何の工夫もなしに，市民の声を聞けばよい，市民を集めて議論をすればよいとするのは，かえって議論の複雑化と現場のいたずらな疲弊を招きかねません．多様な説明責任の遂行が求められるのは当然ですが，それだけでは適切な政策立案や政策

ることを指しています．権限や議論の内容はケースによって様々ですが，積極的な市民参加を促す手法として多くの国で試みられている手法です．

14) 宇宙開発の方針を定める，「宇宙基本計画」に関するパブリック・コメントの募集では，異例ともいえるほどの数のコメントが集まった実績があります（伊藤他 2014）．このように，宇宙開発に関心を持っている人は全くいないという訳でもなく，また，政策を推進する側も市民の意見に全く耳を傾けてこなかった訳でもありません．

15) JAXAウェブサイト「ファン！ファン！JAXA！」．https://fanfun.jaxa.jp/event/town meeting/（2022年4月21日閲覧）

16) JAXAの「広報」活動については第V部第3章も参照してください．

実施には結びつかないのです.

宇宙開発への市民参加の現状（国外）

　宇宙開発における市民参加が乏しいのは，他国でも共通した課題として受け止められており，効果的な参加のあり方をめぐって，模索が続いています（Kaminski 2012）.

　米国では，2010 年頃から，STEM 教育（Science, Technology, Engeneering and Mathematics education）の推進強化が掲げられ，関連機関が取組みを開始しました．STEM 教育とは，科学技術に対する理解を深めるとともに，問題を解決するための主体性を育むことを目的の 1 つとした，新しい教育のあり方に与えられた総称です．背景には，科学技術政策にも，市民の声を取り入れ，主体的な参加を促す必要があるとの考えがあります．宇宙開発を所管する NASA においても，市民の積極的な宇宙開発への関与に資する教育への取組みが検討されました．ですが，宇宙開発への理解を中長期的に促すような教育プログラムのあり方と，それを実現するための評価システムについて明らかにはなっていません（Yee 2015）.

　EU 諸国でも，大量の政策資源を要求する宇宙開発をめぐって，説明責任の必要性が論じられています．EU の場合は，SNS を用いた宇宙開発の広報が盛んに行われています（Ryan 2017）．これは，JAXA において広報がアウトリーチ活動の一環として展開されていることと軌を一にしています．もっとも，広報の過程で市民の意見を聴取することはあっても，それをもって市民参加が実現しているとは言い難く，やはり市民参加をめぐって有効な手法が確立されている訳ではありません.

　そもそも，宇宙開発は安全保障も関係する，非常にデリケートな政策分野であるため，他の取組みに比べても情報公開の範囲が狭いという面もあります．透明性の確保は，私たちが政策について考える上で重要な条件の 1 つではあるのですが，実際には様々な事情が重なることで，うまく進まないことが多いのです.

　総じて，諸外国においても，宇宙開発における市民参加については，実践の

蓄積も理論的な展開も，どちらもまだ模索の途にあると言えます．

市民参加に向けた課題

　ここまでの検討をまとめると，宇宙開発への市民参加に関しては，次の2つの課題が指摘できます．第一に，そもそも宇宙開発への市民参加の方策については，理論も実践も未整備な部分が多いということです．日本においては，JAXA のタウンミーティングが代表的な事例ですが，米国やヨーロッパにおいても，効果的な市民参加のあり方は明らかにされておらず，むしろ教育や広報といった，間接的なアプローチを通じて政策への合意調達などを図ろうとしています．宇宙開発への市民参加の促進は，世界的に見ても大きな課題なのです．

　第二に，市民参加を促進したとして，それを政策に反映させる仕組みが未整備なことが挙げられます．特に日本では，JAXA のタウンミーティングで得られた成果を，政策にどのように結びつけるかが不明確なままで推進されていました．宇宙開発のように，高度な専門的知識を要求し，なおかつ，ダム工事や原発と違って，生活に直結するステークホルダーがそれほど多くない場合には，反対運動などは起きません．このため，丁寧な説明をせずとも政策推進は可能です．よって，政策形成者の側も，市民参加で得られた知見を積極的に政策に取り入れる，動機づけ（インセンティブ）が働きにくいのです．

　また，関連する課題として，宇宙開発はごく限られた人たちの関心の対象にしかならなかったということも挙げておきましょう．宇宙に関してタウンミーティングを開いたり，イベントを開いたりしても，足を運んでくれるのはいつも決まった顔，というのは珍しいことではありません．そもそも，政策や政治にかかわるイベントに参加するのは，同じ人であることが多いのです．

　したがって，宇宙開発への市民参加の課題は，より幅広い人々をどう巻き込んでいくかということにもあると言えます．特に宇宙は，サブカルチャーの普及などもあり，強い関心を持っている人が一定数いる反面，それほど関心を持っていないという人がほとんどです．宇宙開発への市民参加を考える場合には，必ずしもそれに興味を持っていないような人たちと，どのようにして双方向のコミュニケーションをとるのかということを，考慮に入れる必要があるで

しょう[17].

4. 宇宙開発の特徴

　宇宙開発は科学技術分野の1つですが，科学技術社会論（STS）の分野で，これまで宇宙開発をテーマに行われた研究は限られています[18].この点は，科学技術の諸分野の中で宇宙開発がもっている特徴とも関連していると考えられます．そこで本章では，社会との関係から見た宇宙開発という科学技術分野の特徴について，論じてみたいと思います．

　まず，宇宙開発が行われる舞台である「宇宙（空間）」という領域の特徴から考えてみましょう．宇宙には，①地球からある程度独立している，②その大部分がいまだ人類の開拓・利用できていない領域である，③（少なくともその大部分には）生態系が存在しない，④そこへアクセスするのに高度ないし高額な技術が必要とされる，⑤地球にはない利用可能性がある，などの特徴があります．

　①の，地球からある程度独立している，という宇宙の特徴のために，宇宙開発は，広範囲の人々の生命や健康を脅かすことが少ないと言えます．これが，たとえば原子力や遺伝子操作技術などと違って，STSにおいてあまり宇宙開発が注目されてこなかった理由ではないかと考えられます（ただし，人々の生命や健康を脅かすリスクが宇宙開発にまったくないわけではありません．有人宇宙開発では，宇宙飛行士が事故などに遭うリスクが常につきまとい，実際にこれまで多数の犠牲者を出してきました[19]）．また，この宇宙の特徴からは，地球ではでき

17）宇宙開発をめぐるコミュニケーションについては，第V部であらためて考えます．
18）宇宙開発が莫大な資金や人材を投じて行われる「ビッグサイエンス」の1つとして言及されることはしばしばありました（Weinberg 1961，城山・鈴木 2008，佐藤 2019，など）．しかし，それと社会との関係の全体像が論じられることはほとんどありませんでした．
19）宇宙飛行士以外の人々に被害が及んだ例としても，ロケットや人工衛星の打ち上げ失敗や墜落により，犠牲者が出たり，環境汚染が生じたりしたことがあります（呉羽他

ないことややってはいけないことも，宇宙ではできたりやってよかったりする，という発想が出てきます．具体的にはたとえば，地球上の資源の枯渇を避けるために，宇宙資源を開発しよう，といった発想や，（核廃棄物のように）地球上に捨てられないものを宇宙に捨てよう，といった発想などがあります[20]．

　②の，宇宙の大部分がいまだ人類の開拓・利用できていない領域である，という点は，宇宙には様々な可能性が秘められている，という考え方につながります．この考え方に基づいて，宇宙はしばしば，人類にとっての「フロンティア」と呼ばれてきました．このために，宇宙は，多くの SF 作品の舞台になってきましたし，科学の面でも地球や生命の起源といった謎を解き明かすためのヒントがそこに見つかるかもしれません．実のところ，宇宙の中でも，地球近傍の周回軌道は，地球上の人々の生活を支える「インフラ」に変わりつつありますが，そこは新しいビジネスが試されている領域でもあり，ビジネスにとっての「フロンティア」であるとも言えます．

　さらに，こうした「フロンティア」という宇宙の性格のためか，宇宙開発は「夢のある」，あるいは「ロマンチックな」ものとして語られる傾向があります[21]．たとえば，日本の宇宙活動の基本的な理念と方針を定めた「宇宙基本法」の第 5 条には，宇宙開発は「人類の宇宙への夢の実現及び人類社会の発展に資するよう行われなければならない」，と述べられています．法律の中にまで「夢」という言葉が登場するのは，他の科学技術分野では考えにくいことです[22]．このように，その価値が実際的利益とはかけ離れた観点から理解されて

2018).

20) ただし，これらの発想は，後で述べる，原生自然としての宇宙の開発に対する反発や懸念と衝突します．また，現在のところ宇宙の資源を地上に持ち帰る手段は存在しないので，当面の間は宇宙で採掘された資源は宇宙で使われることになります．この点については第 II 部の議論その 2 や第 IV 部第 1 章，コラム「宇宙環境問題」を参照してください．

21) もっとも人によっては，「フロンティア」という言葉から，アメリカ大陸の開拓者たちがネイティブアメリカンを追いやった時代を思い出し，ネガティブなイメージを抱くかもしれません．こうしたイメージは科学技術の行く末を考える上で重要な役割を演じます．宇宙開発に対して人々が抱くイメージについては，第 IV 部第 2 章で解説します．

22) この点は，標葉隆馬氏（大阪大学）からご指摘いただいたものです．

いるという点は，他の科学技術と比べて，宇宙開発の顕著な特徴と言えるかもしれません（呉羽他 2018）[23]．

　その一方で，このように夢やロマンが強調される背景には，宇宙開発の一部の事業は，それが要するコストの割に社会にもたらすベネフィットが不明確だ，ということもあると考えられます．こうしたベネフィットが不明確な事業の筆頭に挙げられるのは有人宇宙開発であり，税金を原資とする限られた公的資金の多くをそれに投じることに対しては批判もあります．たとえば，先ほど名前を挙げたワインバーグ（Weinberg 1961）は，ビッグサイエンスの中でも，アポロ計画のような有人宇宙開発を，人々の幸福と関係がないものとして槍玉にあげ，それを推進することに反対しています．

　話を戻しましょう．②は，別の面から言えば，宇宙とは人間の活動の影響を受けていない自然環境，すなわち「原生自然」としての性格をもつ，とも言えます．地球上にはそんな場所はもうほとんど残っていませんが，宇宙では事情が異なります．そこで，地球上から原生自然が消えたことに胸を痛める人は，宇宙にまで人の手が及んでいくことに抵抗を覚えるかもしれません．こうして，原生自然という宇宙の特徴は，宇宙環境を保護しよう，という発想につながります．ただし，③で述べるように，地球上の自然環境とは違って，宇宙（の少なくとも大部分）には，生態系はない，という特徴もあります[24]．地球上の自然環境の保護は，地球上ではほぼあらゆるところに生態系が存在する，という事実を前提とするものなのですが，宇宙における生態系の不在という点を考慮すれば，原生自然ではあっても宇宙環境をなぜ保護しないといけないのか，は明白ではありません．以上のような特徴のために，宇宙開発をめぐる諸問題には，地上の科学技術をめぐる諸問題に対して通用してきた考え方が必ずしもそのまま当てはまらなかったり，あるいはどう当てはめてよいかわからなかったりす

23）第 II 部の議論その 1 では，ロマンを理由として有人月探査を推進することに関する議論を紹介します．

24）火星や木星・土星の衛星には生命が存在する可能性があると言われてはいますが，今のところその痕跡は発見されておらず，また仮にいたとしてもそれは広大な宇宙の中でごく一部にすぎません．

る，という面があります．そこで，宇宙の諸問題について考えるための新しい
論理が必要になるかもしれません．

　また，②と関連して，宇宙には，地球上の国家などの手が及んでいない，と
いう面もあります．そのために，「宇宙は誰のものでもない」あるいは「宇宙
はみんなのもの（海洋やサイバー空間と並んで「グローバル・コモンズ」と呼ばれ
ます）である」という理念が広く受け入れられています[25]．たとえば，宇宙飛
行士の活躍を描いた漫画『宇宙兄弟』には，「「空」は誰のもんでもない」（小
山 2009, 57 頁），というセリフがあります．宇宙活動の基本原則を定めた「宇
宙条約」（コラム「宇宙開発のための国内外のルール」を参照）でも，宇宙空間の
領有は（南極などと同様に）禁止され，またその前文では，宇宙開発は「全人
類の共同の利益」をもたらすために行われなければならない，と述べられてい
ます．

　さらに，宇宙の利用ということを考える上で重要なのは，④の，宇宙にアク
セスするには高度（あるいは高額）な技術が必要とされる，という点です．こ
のために，先ほども述べたように，宇宙開発は，巨額の費用を要するビッグサ
イエンスとして特徴づけられます．無人の人工衛星や宇宙探査機を打ち上げる
計画であっても，数百億円の費用がかかります．ましてや，宇宙ステーション
計画や有人月探査計画のような有人宇宙活動は，ビッグサイエンスの中ですら
も桁違いに高額な費用を要します．また，同じ理由で，ごく一部の限られた人
や組織しか宇宙にアクセスする手段をもたず[26]，そのために，前に述べた「宇
宙は誰のものでもない」あるいは「宇宙はみんなのものである」という理念は，
容易に損なわれてしまう可能性があります．

---

25) 宇宙開発がしばしば国家の枠組みを超えた仕方で進められる理由としては，本文中に述
　べた理念があるということだけでなく，宇宙技術が「越境的」なサービスを提供する性
　格をもつ，ということも挙げられます（鈴木 2011, 21〜22 頁）．

26) 民間宇宙開発が進めば選ばれた宇宙飛行士以外の人でも宇宙へ行けるようになる，と言
　われることが多いですが，ヴァージン・ギャラクティック社やブルーオリジン社が計画
　しているサブオービタル宇宙旅行サービスですら数千万円の料金をとる予定であること
　から，一握りの富裕層を除く大多数の人にとって宇宙は依然として手の届かない領域に
　留まると言えます．

　最後に，⑤の地球にはない利用可能性，という点について説明しましょう．宇宙開発は生活と縁遠いと考えられている，と述べてきましたが，実のところこれは宇宙開発全般に当てはまるわけではありません．たとえば，月や小惑星には，地球上では希少な資源があると推測されており，（現時点ではまったく見通しは立っていませんが）将来的にはそれらが利用できるようになるかもしれません．また現在でも，特に地球周回軌道上の衛星システムは，私たちの生活を支えるインフラとして定着しています．衛星システムには，広範囲にサービスを提供することができる，といった利点があり，これがビジネスの世界で宇宙が注目を集める1つの理由となっています．また，軍事・安全保障の面では，情報収集や通信の手段として，宇宙技術が重要な役割を占めています（コラム「宇宙の軍事利用と安全保障」を参照）．この安全保障上の重要性という点は，ビッグサイエンスの中でも，「純粋科学」としての性格が強い他の分野（大型加速器を用いた物理学や大型望遠鏡を用いた天文学など）との違いと言えそうです．そして，以上のような利点があるからこそ，宇宙ゴミ[27]の増加や宇宙での軍拡競争等の，宇宙の安定的な利用を脅かしかねない問題が社会にとって重要な影響を及ぼすものとなりえます．

　以上で，やや雑然とした仕方ながら宇宙開発の特徴についてまとめてみましたが（表Ⅰ-2），全体として，宇宙開発と社会との関係を考える上で，大きな問題となるのは，宇宙開発に対してしばしば抱かれるロマンチックなイメージと，軍事的・商業的色彩を濃くしている宇宙開発の現実の間で，ギャップが生じている，という点です．この点を考慮すれば，宇宙開発について語る際に，ことさらに夢やロマンを強調することは，軍事・安全保障上の思惑から注意をそらす隠れ蓑になってしまう恐れもあり，注意が必要になります[28]．

　もっとも実のところ，科学技術は一般に，多かれ少なかれ，人々の夢を体現するという側面と，その生活や生存をも脅かしかねないという側面を，併せもっているものです．宇宙開発は，私たちの住む世界とは異なる領域を舞台と

27）スペースデブリとも言われます．第Ⅱ部の議論その4を参照してください．
28）この点は，横山広美氏（東京大学）からご指摘いただいたものです．

表 I-2　宇宙開発の特徴

・地球からの独立性という宇宙の性格と，それに由来する人々の生命や健康を脅かすリスクの少なさ
・フロンティア／原生自然としての宇宙の性格と，それに由来するロマンチックなイメージ
・原生自然としての宇宙の性格と，そのために人類の開発・利用の手がそこへ及ぶことに対する反発・懸念
・生態系の不在という宇宙の性格と，それに由来する道徳的地位の不明確さ
・「誰のものでもない」／「みんなのものである」という理念と，それと衝突しうる高額なコスト・限られたアクセス
・地球にはない利用可能性と，そのために商業化・軍事化が進む現実

するがゆえに，こうした科学技術の二面性を，やや風変わりな仕方で備えていると言えるでしょう．それゆえに，科学技術と社会との関係を考える上で，宇宙開発に着目することが興味深いのだ，と言えます．

文献

青葉やまと（2021）「Amazon のジェフ・ベゾスは地球に還ってこないで……署名が 14 万筆を突破」，『ニューズウィーク日本版』オンライン記事，2021 年 7 月 2 日．https://www.newsweekjapan.jp/stories/world/2021/07/amazon13_1.php（2021 年 11 月 10 日閲覧）

伊藤正之／源利文／中山晶絵／蛯名邦禎／水町衣里／加納圭／秋谷直矩（2014）「パブリックコメント・ワークショップの試行──「宇宙基本計画（案）」をテーマとしたワークショップの事例報告」，『科学コミュニケーション』15，123〜136 頁．

呉羽真／伊勢田哲治／磯部洋明／大庭弘継／近藤圭介／杉本俊介／玉澤春史（2018）将来の宇宙探査・開発・利用がもつ倫理的・法的・社会的含意に関する研究調査報告書．https://www.usss.kyoto-u.ac.jp/etc/space_elsi/booklet.pdf（2021 年 3 月 31 日閲覧）

小林傳司（2007）『トランス・サイエンスの時代──科学技術と社会をつなぐ』NTT 出版．

小山宙哉（2009）『宇宙兄弟』7，講談社．

坂本規博（2017）『新・宇宙戦略概論』科学情報出版株式会社．

佐藤靖（2019）『NASA を築いた人と技術──巨大システム開発の技術文化〔増補新装版〕』東京大学出版会．

城山英明／鈴木達治郎（2008）「巨大科学技術の政策システム──高速増殖炉と国際宇宙ステーションを中心に」，城山英明編『政治空間の変容と政策革新 6 科学技術のポリティクス』所収，13〜42 頁，東京大学出版会．

杉本俊介（2018）「宇宙ビジネスにおける社会的責任──社会貢献と営利活動をどう両立させるか」，伊勢田哲治／神崎宣次／呉羽真編『宇宙倫理学』所収，165〜180 頁，昭和堂．

鈴木一人（2011）『宇宙開発と国際政治』岩波書店．

種村剛（2018）「科学技術政策は国政選挙の争点となっていたのか？――2016年参院選を事例として」，三船毅編『政治的空間における有権者・政党・政策』所収，29〜66頁，中央大学出版部．

張替正敏・山谷清志（2020）『JAXAの研究開発と評価――研究開発のアカウンタビリティ』晃洋書房．

Entradas, M.（2016）'What is the public's role in 'space' policymaking？: Images of public by practitioners of 'space' communication in the United Kingdom', *Public Understanding of Science* 25（5）: 603-611.

Kaminski, A. P.（2012）'Can the demos make a difference？: Prospects for participatory democracy in shaping the future course of US space exploration', *Space Policy* 28 : 225-233.

Ryan, L.（2017）'Social media and popularising space : Philae Lander（@Philae2014）and the journey to comet 67P/Churyumov Gerasimenko', *Space Policy* 41 : 20-26.

Weinberg, A. M.（1961）'Impact of large-scale science on the United States', *Science* 134（3473）: 161-164.

Weinberg, A. M.（1972）'Science and trans-science', *Minerva* 10 : 209-222.

Yee, K.（2015）'America competes act's effect on NASA's education and public outreach programs', *Space Policy* 31 : 27-30.

（杉谷和哉・呉羽真）

コラム　宇宙開発のための国内外のルール

宇宙開発のルールとしての宇宙法

　望ましい宇宙開発のあり方を考えるにあたっては，このあり方そのものだけではなく，それを規律するルールもまた検討する必要があるでしょう．このように宇宙開発のあり方を規律するルールは，一般に「宇宙法」と呼ばれています．宇宙法とは，宇宙に関連する活動を対象とする公的なルールの集合のことを指します．宇宙法は，人類が宇宙開発に着手してから今日に至るまで，様々な場で，様々な形式で，様々な内容を伴って設定されてきました．今後，科学技術の進展や開発分野の多様化とともに，宇宙法はさらなる重要性を帯び，ますますの発展が期待されることになるでしょう．

　本書では，これまでの宇宙法の来歴や，あるべき宇宙法の構想がしばしば登場します．ここでは，それらを理解し，望ましい宇宙開発のルールを議論するために必要となる知識として，宇宙法の基本的な構成とその特徴を，具体例を用いつつ概説したいと思います[1]．

宇宙開発のルール(1)——国際宇宙公法

　宇宙法は，何よりまず国際公法において存在します．国際公法は，主として国家間の関係を規律するルールのことを指します．宇宙開発はそもそも国家が主体となって進めてきた事業であるという経緯もあり，宇宙法は主として国際公法の一分野として発展してきました．

　宇宙法にとって重要な国際公法の形式は条約です．条約とは，国家間の公的な取り決めであり，その取り決めに合意した国家のみを拘束するという特徴をもつ，国際公法の重要な一形式です．

　今日の宇宙法の基礎を構成しているのは，5つの条約です．第二次世界大戦後の冷戦構造を背景にした米国と旧ソ連の宇宙開発競争の加速をうけて，国連は1959年に総会の決議により宇宙空間平和利用委員会（COPUOS）を設置しました．このCOPUOSの法律小委員会において起草され，国連総会で採択された5つの条約（表1）が，現在に至るまでの宇宙法の基礎となっています．

　なかでも1967年宇宙条約は，しばしば「宇宙の憲法」と呼ばれるように，宇宙法の基礎的な諸原則を提示している点で重要です．同条約は，宇宙空間が，全ての国家の利益に配慮しつつ，あらゆる主体の自由な活動，とりわけ科学的調査に開かれ（1

---

1)　宇宙法を構成する国際諸条約や国際文書，また諸国家の立法については，青木・小塚編（2019）を参照してください．また，宇宙法のより詳しい説明は，小塚・佐藤編（2018）を参照してください．ここでの宇宙法の基本的な構成についての理解は同書に依拠しています．なお，より歴史的な観点からの（とりわけ国際的な）宇宙法の発展についての説明は，本書第III部第3章を参照してください．

表 1　国連宇宙 5 条約（2022 年 1 月 1 日現在）

署名年（発効年）	条約名	日本の加盟	加盟国／機関数
1967	宇宙条約	1967	113 ／ 0
1968	宇宙救助返還協定	1983 加入	99 ／ 3
1972	宇宙損害責任条約	1983 加入	98 ／ 4
1975（1976）	宇宙物体登録条約	1983 加入	72 ／ 4
1979（1984）	月協定	未署名	18 ／ 0

出所：国連宇宙部の作成資料「宇宙での活動に関する国際協定の状況（2022 年 1 月 1 日現在）」（A/AC.105/C.2/2022/CRP.10）

条），どの国家の領有にも服さず（2 条），国連憲章を含む国際法の規律が通用し（3 条），平和的に利用されなければならないとします（4 条）．さらに，宇宙空間において，宇宙飛行士へのあらゆる可能な援助を求めるとともに（5 条），政府機関か民間事業者かにかかわらず，あらゆる活動の責任を，その主体が属する国家に帰属させ（6 条），他国あるいは他国人に損害を生じせしめた場合には，「打上げ国」が賠償責任を負い（7 条），宇宙物体の管轄権や管理の権限を登録国に認めます（8 条）．また，宇宙空間での環境保護の規定も置いています（9 条）．残りの 4 つの条約は，これらの諸原則を補完する役割を担っています．

　しかし，宇宙法を構成する条約は，このように国連の枠組みの下で作成されるものだけではありません．結びつきの強い特定の諸国家の間で，宇宙開発を主題として結ばれる条約もまた重要です．典型的な例としては，米国を中心に日本を含む 15 カ国間で結ばれた 1998 年国際宇宙基地協力協定が挙げられます．

　また，宇宙を直接の主題としないものの，結果的に宇宙開発に関連する内容をもつ条約も，広義での宇宙法を構成しています．たとえば，国際的な情報通信技術の規制の一部として，衛星周波数の割当や静止軌道位置の使用権などを規律している 1992 年国際電気通信連合の憲章・条約が，その具体例として挙げられます．

宇宙開発のルール (2)――ソフトロー

　ところで，国際公法における宇宙法の形式には，ソフトローと呼ばれるものもあります．ソフトローとは，条約のように法的な拘束力は持たないものの，諸国家に特定の行動を促すような勧告的な性格の文書のことです．

　宇宙法においてソフトローは，利害関係が複雑に錯綜する諸国家の間での条約締結のために必要な合意調達の困難を回避することができ，拘束力を欠くがゆえに柔軟な運用が可能になるといった点において，条約を補完するものとしてその発展に重要な役割を果たしてきました．

　このソフトローの重要な具体例として，COPUOS を中心に作成された文書があります．その法律小委員会で議論され，国連総会決議として採択された文書として，1986

年リモートセンシング原則や 1996 年スペースベネフィット宣言などがあります．また，その科学技術小委員会で作成され，国連総会で支持された，より技術的な性格の文書として 2007 年スペースデブリ低減ガイドラインなどがあります．

宇宙開発のルール (3)──国内宇宙公法

　宇宙法は，次いで各国家の国内公法において存在します．国内公法は，国家の公権力を規律するルールのことを指します．宇宙法としての国内公法は，上記の国際宇宙法の履行の確保という目的で，宇宙開発を担う政府機関の創設・規制のほか，民間事業者による宇宙開発の監督・規制，さらには促進という役割を担います．宇宙活動の商業化，そして，いわゆる「ニュースペース」の登場をうけて，とりわけ後者の理由から，法整備の重要度が増しています．

　各国の法整備は，その国での宇宙活動の状況などに応じて様々です．自国から独自のロケットで宇宙機を打ち上げることができる能動的な宇宙活動国のうち，最も長い歴史を有する米国は，早くも 1984 年に商業宇宙打ち上げ法を制定し，民間事業者のロケットの打ち上げに対する許可制度などを導入しました．その後も，宇宙旅行や宇宙資源開発など近い将来に事業展開が見込まれる宇宙活動への法規制を導入しています．また，その他の能動的な宇宙活動国では，たとえば 2008 年にフランスが，そして 2017 年にはニュージーランドが，民間事業者の宇宙活動を規制する包括的な立法を行っています．他方で，上述のような能力を持たない，いわゆる受動的な宇宙活動国については，たとえばルクセンブルクにおいて 2017 年に制定された宇宙資源開発関連の立法など，宇宙ビジネス産業を自国に誘致することを目的とした法整備の動向が注目に値するでしょう[2]．

　能動的な宇宙活動国のひとつである日本も，民間事業者の宇宙活動を念頭に置いた法整備を開始したのはごく最近のことです．日本における宇宙政策の基本構想を初め

表 2　日本の宇宙関係の法律

・JAXA 法（国立研究開発法人宇宙航空研究開発機構法）［平成 14 年法律第 161 号］
・宇宙基本法［平成 20 年法律第 43 号］
・宇宙活動法（人工衛星等の打上げ及び人工衛星の管理に関する法律）［平成 28 年法律第 76 号］
・衛星リモセン法（衛星リモートセンシング記録の適正な取扱いの確保に関する法律）［平成 28 年法律第 77 号］
・宇宙資源法（宇宙資源の探査及び開発に関する事業活動の促進に関する法律）［令和 3 年法律第 83 号］

---

2)　世界の宇宙ビジネスに関する法整備の状況については，小塚・佐藤編（2018）に加えて，小塚・笹岡編（2021）も参照してください．

て定めた法律である 2008 年の宇宙基本法は，その基本理念で宇宙産業の振興を掲げ，民間事業者による宇宙開発利用の促進を基本的施策の中に明記し，そのような活動を規律する立法への道筋を定めました．その結果，2016 年には宇宙活動法と衛星リモセン法が，そして 2021 年には宇宙資源法が成立しました（表 2）．

宇宙開発のルール (4)――国内・国際宇宙私法

　宇宙法は，公法だけでなく私法としても存在するのを忘れてはなりません．私法は，主として私人間の関係を規律するルールのことを指します．宇宙の商業化が本格化した昨今では，宇宙開発に携わる民間事業者間の取引関係について，これまでの私法上のルールが規律をしている場合には，それも広義では宇宙法の一部を構成していると言えるでしょう．

　ところで，この民間事業者間の取引関係が 1 国内にとどまる場合には国内私法の，そして複数の国家間にまたがる場合には国際私法の問題になります．そして，後者の場合，とりわけ紛争が生じた場面では，どの国のルールを適用するかを裁判所が決定しなければなりません．このような煩雑さを避けるという目的で，現在，宇宙活動に関する私法の統一化に向けた取り組みが，私法統一国際協会（UNIDROIT）において行われています．

宇宙開発のルールをみんなで議論する

　今後，科学技術の進展や開発領域の拡大に伴って，宇宙開発をめぐって様々に新しい問題が浮上してくるでしょう．それに応じて，宇宙開発のルールもまた適切に発展させる必要があります．たとえば，宇宙資源の採掘活動をめぐるルールがそれに当たります[3]．その際には，問題の性質を見極めたうえで，上記のような宇宙法の構成やその特徴を踏まえつつ，どのような場で，どのような形式で，どのような内容のルールを定めるのが適切であるのか，判断を行わなければなりません．

　そのような判断を行うためには，市民の皆さんを含む様々なステークホルダーによる議論が不可欠であるでしょう．つまり，望ましい宇宙開発のルールについても，やはりみんなで議論する必要があるわけです．

文献
青木節子／小塚壮一郎編（2019）『宇宙六法』信山社．
小塚壮一郎／笹岡愛美編（2021）『世界の宇宙ビジネス法』商事法務．
小塚壮一郎／佐藤雅彦編（2018）『宇宙ビジネスのための宇宙法入門〔第 2 版〕』有斐閣．

（近藤圭介）

---

3)　この論点については，第 II 部の議論その 2 も参照してください．

第 II 部

宇宙開発をめぐる 4 つの対論

対論型サイエンスカフェの開発と実践

　第 II 部では，宇宙開発の進め方について市民を巻き込んだ意思決定が求められる 4 つのテーマに関する議論の実例を紹介します．ここでの議論は，実際に著者たちが実施した「対論型サイエンスカフェ」で展開されたものをもとにしています．

　まずここでは，専門家と市民，また参加者同士の双方向のコミュニケーションの実現を目指し，著者たちが開発・実施を進めてきた，サイエンスカフェ[1]の発展形である対論型サイエンスカフェについて紹介します．

なぜ「対論」か

　科学技術に対する専門家の意見や立場は様々です．しかし，サイエンスカフェの場において，専門家が 1 名しかいなければ，その意見が絶対視されてしまうかもしれません．複数の専門家が話をすれば，多様な意見や立場があることが分かりやすくなるでしょう．

　立場の違いをより明確にするには，極端な 2 つの立場に立った対論形式が有効です．対論とは「直接に向かい合って互いに話をすること．また，その話．」です（日本国語大辞典 n. d)[2]．対論と似た言葉に対話があります．対話では多様な意見を共有することが重要です（科学技術振興機構 2015)．意見を変えても，新しい概念を作っても構いません（平田 2012)．

　そこで，対論型サイエンスカフェでは 2 名の専門家から話題提供をしてもらいます．専門家や他の人たちの様々な意見に触れながら，参加者が自分なりの意見を形成することが目標です．「宇宙開発をみんなで議論する」ことの目標は，社会の中で具体的な合意を形成することですが，対論型サイエンスカフェ

---

1) サイエンスカフェの詳細については，第 V 部を参照してください．
2) 対論には勝ち負けを決めるという意味もありますが，対論型サイエンスカフェではそのような意図はありません．

ではそこまでは目指していません.

　ではなぜ, そのようなことを行うのでしょうか. 第 V 部において, 市民が科学技術について議論や合意形成を行う様々な形式が紹介されています. 様々な形態, そして規模がありますが, 特にサイエンスカフェは規模が小さい分, 参加者同士の議論がしやすくなっています. しかしサイエンスカフェでは, 情報提供者としての専門家の講演と一般参加者の質疑応答がメインになってしまう「ミニ講演会」になってしまうことがあります. 小規模で, 参加者同士のお互いの顔がみえるから議論がしやすい, とは必ずしもならないのです.

　私たちが注目している宇宙開発に関する様々な話題は, 人々の興味をひきますが, 普段の生活でよく考える話題かと言われると必ずしもそうでないでしょう. 普段なじみのない話題について議論しましょう, 話し合ってみましょうといわれても, 特に議論に慣れていない人々は困惑するのではないでしょうか.

　対論型サイエンスカフェでは, 具体的な問いを設定し, 両端を賛成／反対とする対論軸を手掛かりにして議論を進めます. 普段考えないような話題でも, 具体的な問いがあり, これに対して賛成ですか反対ですかと問われれば「こんな条件だったら賛成」とか, 「賛成か反対か決めるための情報が欲しい」などと考えやすくなります. 考えるための軸を最初に提示することで, 少しでも参加者が考えやすく, 参加者同士で議論しやすい状況をつくり出そうとしています.

対論型サイエンスカフェ全体の流れ

　対論型サイエンスカフェの流れを説明します[3].

　第 1 段階は, 議論に必要となる「知識のインプット」です. テーマについて, すでに豊富な知識をもつ参加者もいれば, まったく馴染みがない参加者もいます. 議論を進めるためには, ある程度の知識が必要です. そこで, 冒頭で, ファシリテーター[4]から各回のテーマに関する基礎的な情報提供を行っていま

---

3) より詳しい実施手法については, 玉澤・一方井 (2021) を参照してください.

4) ファシリテーターは, 冒頭での情報提供のほかに, 要所要所で参加者に発言を促したり,

表 II-1　対論型サイエンスカフェの流れ

時間（目安）	内容		主な発言者
5 分	(a) 注意事項・企画趣旨を伝える	第 1 段階	ファシリテーター
5 分	(b) 情報提供および問いの提示		ファシリテーター
5 分	(c) 参加者の意見表明①		－
10 分	(d) 対論		対論者①②
5 分	(e) 参加者の意見表明②		
10 分	(f) 議論①：全体	第 2 段階	参加者と対論者①②
15 分	(g) 議論②：グループ		参加者と対論者①②
10 分	(h) 議論③：全体		参加者と対論者①②
5 分	(i) 参加者の意見表明③		－
5 分	(j) 対論者からのコメント	第 3 段階	対論者①②
5 分	(k) アンケート用紙配布		ファシリテーター
60 分	(l) 希望者のみ懇親会		－

注）全体で 90 分，スタッフ 3 名（ファシリテーター，対論者①②）を想定しています．

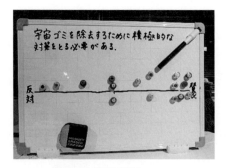

図 II-1　意見可視化ツール

水平線の右側が賛成，左側が反対の立場を示します．マグネットは参加者の立ち位置を示します．マグネットを見ただけでは個人を特定できませんが，マグネットの色が全員違うため，意見変化の様子を知ることができます．

す（表 II-1 の b）．その後，2 名の対論者が 2 つの異なる立場から意見を主張します（表 II-1 の d）．

　第 2 段階は，インプットした知識や対論者の主張内容を手掛かりとした「議論の実践」です．議論は 3 つのステップで行います．第 1 ステップでは，参加者全員で議論します（表 II-1 の f）．対論者の主張を聞いてどう思うか，といった質問から始めます．第 2 ステップでは，5 人程度のグループに分かれて議論を進めます（表 II-1 の g）．第 3 ステップでは，再び全員で議論します（表 II-1 の h）．

　対論型サイエンスカフェでは，参加者全員に意見を表明してもらうため，ホワイトボードとマグネットを用いた意見可視化ツールを使っています（図 II-

話の流れを確認したりする役割を担います．

1）．ホワイトボードに水平線を引き，その両端に賛成／反対と書きます．参加者には，参加者ごとに色の異なるマグネットを配布します．賛成／反対の軸上にマグネットを置くことで自分の立場を表明することができます．

　意見表明の機会は，3 回あります．1 回目はファシリテーターからの情報提供を終えたあとです．2 回目は対論者の主張を聞いたあと，3 回目はすべての議論を終えたあとです（表 II-1 の c，e，i）．いずれも参加者全員の意見表明が終わり次第，その結果を全員で共有します．

　それでは，次章からは，対論型サイエンスカフェの議論の様子を見ていきます[5]．

5）対論や議論の様子は実際に行われたサイエンスカフェの録音をもとにしていますが，内容を損ねない範囲で適宜修正しています．また，参加者の発言は個人を特定しない形で掲載しています．

議論その1　有人月探査とロマン

「ロマンは公的有人月探査を推進する理由になると思いますか」という問いを設定し，賛成／反対の対論軸で議論を進めました[1]．賛成派の対論者を磯部洋明さん（京都市立芸術大学，宇宙物理学），反対派の対論者を呉羽真さん（大阪大学（当時），哲学）にお願いしました（図 II-2）．

「ロマン」は様々な意味を含む多義的な言葉です．ここでは概ね，「人類の夢」，「フロンティアの開拓」，「若者をインスパイアする」など宇宙探査によって得られるとする精神的な価値を総称したものとして，この言葉が用いられています．

ファシリテーターからの情報提供

1960 年代から 1980 年代中盤にかけて，宇宙開発は米ソの対立によって進められてきました．1961 年に，ソビエト連邦，続いて米国が有人宇宙飛行に成

図 II-2　当日の様子．大学の講義室で開催．

功しました．その後，1969 年には米国の「アポロ 11 号」が月面に着陸しました．この結果，米国に対するソ連の力が相対的に弱くなりました．

1980 年代後半から 1990 年代は国際協調の時代です．象徴的な出来事は，西側諸国のグループで運用していた国際宇宙ステーション（ISS）

---

1) 本章のもととなったのは，2019 年 11 月 10 日に開催した対論型サイエンスカフェ「ロマンは公的有人月探査を推進する理由になるか？」の議論です．会場は金沢工業大学です．科学技術社会論学会の第 18 回年次研究大会のセッションの 1 つとして開催しました．科学技術社会論の研究活動に従事する研究者や学生を中心に，11 名の方にご参加いただきました．

にロシアが参加したことでしょう．そして 2000 年代には，民間企業が宇宙開発に積極的に参加するようになりました．ジェフ・ベゾスによる宇宙企業ブルーオリジン社の設立が 2000 年，イーロン・マスクによるスペース X 社の設立が 2002 年です．

　ISS は 1998 年に組み立てを開始し，2011 年に完成しました．そして 2024 年には運用終了予定です[2]．現時点で有人宇宙活動を行っているのは，米国，ロシア，ヨーロッパ，日本，カナダで，これは ISS を運用しているメンバーです．ISS の建設および運用コストは，累計で 15 兆円ですが，このうち，これまでの日本の負担分は 1 兆円です．学術・科学目的の超小型衛星の放出，産業，教育などに利用されてきました．平成 31（2019）年度の日本の宇宙関係予算（当初予算と補正予算の合計）は，3,500 億円で，このうち約 1 割が有人宇宙活動関係に向けられ，ISS への補給機「こうのとり」や日本の実験棟「きぼう」の運用，補給機開発，次期国際宇宙探査に向けての開発研究などに使われています（内閣府 2021）．

　現在，米国は月の周回軌道上の有人拠点として「ゲートウェイ」を建設することを構想しています．そして，2024 年に月南極への有人着陸，2028 年までに持続的な月面探査の実現を目標としています．このゲートウェイ構想を含む有人月面探査，そして将来的な有人火星探査を狙ったものが「アルテミス計画」です[3]．ヨーロッパとカナダ，そしてオーストラリアはこの計画に参加予定です．日本政府も，2019 年 10 月に，アルテミス計画への参加を正式に決定しました．火星など，さらなる深宇宙探査を視野に入れつつ，日本の強みを生かした分野で戦略的に参画しようとしています（宇宙政策委員会 2018）．

---

　2) これは対論型サイエンスカフェ開催時（2019 年 11 月）の予定です．その後，2030 年までの運用延長が発表されました．この ISS 運用計画をはじめ，宇宙開発をめぐる状況には刻一刻と変化が生じています．本書出版時の情勢については第 I 部第 2 章を参照してください．

　3) ここに記載されたアルテミス計画のスケジュールは，対論型サイエンスカフェの開催時（2019 年 11 月）の予定です．その後，2021 年 11 月に NASA は，有人月着陸の時期を 2025 年以降に延期すると発表しました．https://www.yomiuri.co.jp/science/20211110-OYT1T50064/（2022 年 5 月 5 日閲覧）

> 考えてみよう（1回目）：ロマンは公的有人月探査を推進する理由になる
> と思いますか？　賛成／反対の軸上で，あなたの意見はどのあたりに位
> 置しますか？

対論者の主張

「ロマンは公的有人月探査を推進する理由になると思いますか」という問い
に対して，賛成する立場と反対する立場から，対論者に意見を述べてもらいま
した．

賛成派（磯部）：ロマンは公的有人月探査を推進する主たる理由の１つである

　初期の宇宙開発は，米ソの宇宙競争という側面が強いです．しかし，戦略
的なことだけで宇宙開発が進められてきたわけではありません．米国のケネ
ディ大統領の演説に"We choose to go to the moon in this decade and do the other
things, not because they are easy, but because they are hard（J. F. Kennedy 1962）"
（簡単ではなく困難であるからこそ，我々は10年以内に月へ行くと決めたのだ）
という言葉があります．人々を鼓舞する言葉です．日本で2008年に制定さ
れた宇宙基本法第5条には「宇宙開発利用は，宇宙に係る知識の集積が人類
にとっての知的資産であることにかんがみ，先端的な宇宙開発利用の推進及
び宇宙科学の振興等により，人類の宇宙への夢の実現及び人類社会の発展に
資するよう行われなければならない」とあります．また，2019年10月に，
日本政府は米国主導の月周回有人拠点（ゲートウェイ）の整備を含む月探査
計画への参加を発表しました．安倍晋三総理大臣（当時）のツイッターには
「アポロ11号によって，人類が初めて月面に大きな一歩を記してから半世紀．
アポロ計画は，全世界の若者に，夢と希望を与えるものでした．我が国も，
米国をはじめ，幅広い国際協力のもと，人類の新たなフロンティアの拡大に
貢献してまいります」と書いてあります[4]．JAXAやNASA，ヨーロッパの
ESAなどの各国の宇宙機関が国際的な宇宙探査をどう進めるかという合意

4）https://twitter.com/AbeShinzo/status/1185039719798689793（2021年3月29日閲覧）

をした 2018 年の文書には，"Expanding human presence into the Solar System has the unique capacity to inspire citizens around the world to create a better future"（筆者訳：人類の生存圏を太陽系へと拡大することは，世界中の人々により良い未来を創り出すための動機を与える比類ない潜在的な可能性を秘めている）とあります（ISECG 2018）．人々をインスパイアすることが宇宙探査の意義だということが書かれています．

　今人気の漫画『宇宙兄弟』には，とにかく宇宙に行きたい，宇宙に行くことにロマンを感じる，ワクワクするという，そういう気持ちが描かれています（小山 2008-）．宇宙やロマンという言葉でツイッターを検索していただければ，「宇宙にはロマンがある」と言っている人をたくさん見つけることができるでしょう．一方で，ロマンに公的予算を投じて良いのかという議論もありますが，精神的な価値があるものに対する公的資金の投資は，直接，役に立たないとされるような基礎科学や，あるいは芸術に対する公的投資と同じような意義があると思います．月探査，そしてその先の火星や小惑星などの有人探査も，「地球が危機的状況になった時のバックアップ」，「有益な資源が得られる可能性」などの「有人探査の先に実現するかもしれない大きな利益」がロマンの 1 つの源泉です．「研究者の知的好奇心」に基づく基礎科学が「現時点では直接的な応用があるかわからないがいつか役立つかもしれない」ことを理由に公的にサポートされるのであれば，ロマンを理由にした有人宇宙探査も公的にサポートされるべきではないでしょうか．

反対派（呉羽）：ロマンを理由に公的有人月探査を推進することは認められない

　アポロ計画のとき，有人宇宙探査が人々を魅了したことには異論の余地はありません．しかし，有人宇宙探査が現在でも人々を魅了するかは疑問です．また，すでに人類はアポロ計画で月に到達しています．今後ゲートウェイ構想で月を目指すことが発表されましたが，再び月を目指すことに魅力を感じないという人は多いのではないでしょうか．あるいは，月探査というのは，もっと本格的な有人探査の準備にすぎないのかもしれません．しかしながら，たとえば，火星探査などの有人宇宙活動の実現可能性については不透明です．

　人々が有人月探査にロマンを感じているとしても，公的事業としてそれを行う理由にはなりません．その理由として，まず，コストが巨額であるということがあります．現在計画されているアルテミス計画の予算は，2024 年予定の月面着陸までで 200 億ドルから 300 億ドルということです[5]．実際には，この額に収まらない可能性が高いです．過去の有人宇宙計画では，アポロ計画で現在の換算にして 1,000 億ドル超，ISS 計画で約 1,400 億ドルです（Scientific American 編集部 2015）．有人宇宙活動はビッグサイエンスの代表格です．ビッグサイエンスをめぐっては，様々な議論がありました．たとえば，「ビッグサイエンス」という言葉を作ったワインバーグは，有人宇宙探査はコストの割に社会にもたらす利益が不明確だとして批判しています（Weinberg 1961）．さらに，アポロ計画当時の状況とは異なり，年々，ビッグサイエンスへの風当たりは強くなってきています．また，政治哲学の議論では，個人の自由を重視する「リベラリズム」という立場が有力ですが，それによれば，夢やロマンのような私的価値観に依存した理由での公的資金の使用は，自由の尊重という観点から受け入れ難いとされます．何に夢やロマンがあるかを決めるのは，リベラリズムの下では国家ではなく個人です．国家が公的資金の使用の根拠として，夢やロマンを引き合いに出すことは認められません（呉羽 2019）．さらに，民間の宇宙事業も活発化してきています．科学的な費用対効果の高い無人の惑星探査や社会的ニーズの大きい事業に関しては，国家や政府がやっていくべきでしょう．一方で，ロマンに訴えるような，エンターテイメント性の高い事業に関しては，今後は民間企業に任せていく，という方向性が長期的に見れば望ましいと思います．

5）当時の NASA 長官 Jim Bridenstine の 2019 年 6 月 14 日の発言によります．https://edition.cnn.com/2019/06/13/tech/nasa-budget-moon-mission-artemis/index.html（2021 年 6 月 1 日閲覧）

考えてみよう（2回目）：ロマンは公的有人月探査を推進する理由になると思いますか？　賛成／反対の軸上で，あなたの意見はどのあたりに位置しますか？

参加者全員での議論①

実際の議論の様子を見ていきましょう．最初は参加者全員の議論です．

参加者 1：この問題設定自体が，どうやるべきかという正当化の話なのか，実際どうやっているのかという話なのか，今後どうなるだろうかという予測の話なのか，それによって，意見が変わります．ロマンで正当化できるかと言われたら，私は正当化できないと思います．だけど，ロマンが理由になって行われているかと言われたら，たぶんそうだと思います．公共的な政策は，国民のそのときの感情や気分で決定されることが大いにあって，それが理由で宇宙に行くぞという可能性は，それほど高くはないかもしれませんが，あると思うんです．ただ，そうするべきだと言われたら，私はそうするべきではないと思っています．でもたぶん政治は気分や感情で進められるんじゃないかという気はするんです．

呉羽（対論者）：基本的には，正当化の話を念頭に置いています．

参加者 2：私も言葉を確認したい．「ロマン」という言葉の射程範囲はどこまであるのかなと思いましてね．歴史を見ると，この言葉の背後にはいろいろな思惑が動いているでしょう．そういったことを含めたロマンなのか，それとも何かわからない理想的なロマン，「ロマンチック」のロマンなのか．

磯部（対論者）：将来的にはこれはすごく役に立つかもしれないとか，ものすごく経済的な利益があるかもしれないといったこと自身が，ロマンをかき立てているところがあります．ロマンという言葉には，その背後にあるものも含まれるというのが私の理解です．

参加者 3：意見を決めかねています．ロマンには，胡散臭いところがある．ロマンというときには，裏に何かあるんじゃないかな，と疑って見てしまう．

磯部（対論者）：アポロ計画も，もちろんロマンだけでやったわけではありま

せん．ただ，宇宙飛行士たちは，これは人類の偉業だと言っています．みな，米ソの競争だとわかっていた．でも，当時，新聞は主語を人類にして報道していました．宇宙開発には何か根本的なところにロマンがあるのではないかなと思います．

参加者4：有人宇宙開発と基礎科学，芸術，全部まとめて公的資金の投入に値しないと言われる可能性があるなという気がします．特に，芸術はかなり危うい気がする．一方で，経済につながらないもの全部が公的資金の導入に値しないのかと言ったら，それに対しても強い批判が出てきますよね．芸術への公的投資への批判に対する強い反論というのは，たぶんそのまま宇宙探査をロマンで支えるということの正当化に使えるんじゃないか．

呉羽（対論者）：現在投入されている公的資金の規模では，科学技術と芸術では大きく違うので，同列に語ってよいのか疑問です．

参加者5：宇宙の場合，「こういう予測があって，それの実証のためにこの機器が必要です」ということではなくて，夢や希望が持ち出されるというのは，何が理由なんですかね．

磯部（対論者）：物理学のビッグサイエンス（加速器など）でも，こういう実験をしたら，こういうことが予想されるということは，当然，言わなくてはいけない．同時に多くの物理学者が合意していることは，一番大きな成果は，今まで思いもつかなかったものが見つかることです．実験をしたところで，普通は，新しいことが必ず見つかるわけではない．でも，人類は月には行ったことがあっても，月南極には行ったことがない．その先の火星にも行ったことがない．絶対に新しい発見があることが分かっている．その確信がある．だから，こんなに素敵なものが待っているよ，という気持ちを前面に出せるんじゃないかなと思います．

呉羽（対論者）：月に行って，次，どうするのか．火星に行くのか．いつまで，何のためにそれをやるのかということを考える必要があります．初期の宇宙開発はロマンが原動力になっていたかもしれない．しかし，今後もロマンを原動力にしていくべきかというのは，また別の問題だと思います．

参加者6：人々が有人探査に対してロマンを感じていたかどうか，研究成果を

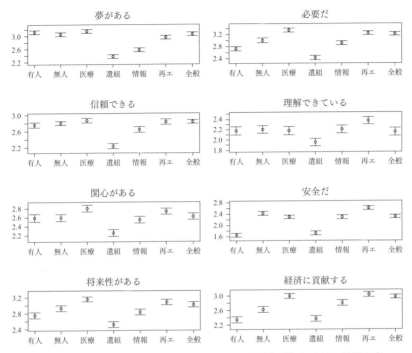

図 II-3　科学技術をめぐるイメージの平均値と 95 ％信頼区間（5 点法で数値が高いほど好イメージ）（藤田・太郎丸, 2015 より引用）

有人：宇宙飛行士による宇宙探査，無人：無人の探査機や人工衛星による宇宙開発，医療：難病治療のための医療技術，遺組：遺伝子組み換え技術，情報：インターネットなどの情報通信技術，再エ：太陽光発電などの再生可能エネルギー，全般：科学技術全般

共有してほしい.

呉羽（対論者）：2015 年に実施された調査があります（藤田・太郎丸 2015）. 日本の科学技術の 7 分野（有人宇宙探査，無人宇宙開発，難病治療，遺伝子組み換え，IT 技術，再生可能エネルギー，科学技術全般）について，夢や信頼，必要性といったイメージを尋ねた調査です（図 II-3）. ロマンと関連が深そうなのは「夢があるか」という質問ですが，それについては，難病治療が一番高く，有人宇宙探査はそれに次いで高いです. ただし，無人宇宙開発など他の分野と比べてそれほど高いというわけではありません.

磯部（対論者）：将来性や経済への貢献，必要性については，有人は無人より評価が低いんですよね．にもかかわらず，同じ調査の中で，有人と無人，どちらにどれくらいお金を振り分けますかと聞いたら，55 対 45 ぐらいの比率で有人のほうにちょっとだけ多く振り分けるんですよ．実際の予算の比率は有人宇宙探査については 1 割ぐらいです．藤田・太郎丸（2015）の図をみると，人々は有人をサポートする気持ちがそれなりにあって，しかもその理由というのが，さっきのイメージと比べてみると，経済性とか将来性とか，そういうものではなくて，夢があるというところに支えられて，有人のほうをサポートしている．この調査の範囲内では，そういうふうに読み取ることもできるんではないかというのが私の意見です．

グループでの議論②

次に，3 つのグループに分かれて議論しました．各グループ内での議論をまとめた意見は以下の通りです．

グループ 1：資金の問題はありますよね．今，ISS に人を送るためのお金の一部を日本が負担している．では日本独自で月に人を送ろうと思ったら，どのぐらいかかるのか．たぶん今の 10 倍ぐらいはかかる．それだけのお金をかけるならば，他の科学研究に回したほうがいいという意見がありました．ただ，宇宙は宇宙で別に予算が確保されている．科学研究費をどう分配するかということではないので，科学研究費内での割合ということは考えなくていいんじゃないかという意見もありました．日本の国際的なプレゼンスを高める意義もある，という話も出てきました．日本のプレゼンスとか日本の誇りとか，そういうのもロマンに含まれるかどうかみたいな話も出てきました．

グループ 2：ロマンと政治は切り離せません．人々の純粋な気持ちが，政治的な文脈の中に入り込んでしまう．有人探査になぜ有人でなければならないのかと説明するだけの十分強い科学的意義があるだろうか．それが曖昧だとすると，（科学ではなく）ロマンが理由になるのではないかという議論をしていました．あと，なぜ有人かについては，工学的というか，技術的というか，そういう安全に人を送り込む技術が実現できるということを示せるというと

ころに，まず 1 つ意義が説明できるだろうと思います．やはりロマンみたい
なぼんやりした話については，明確に何ができるのかというところが明らか
になったほうが，議論しやすいだろうなという話が出ました．ロマンという
言葉は公的資金を使う結構大きな理由になっているんじゃないかなというの
を，普段の仕事を通じて感じたので，推進するには重要なポイントだなと思
いました．

グループ 3：研究者にとっては，日本のプレゼンスという言葉はとてもロマン
に近いように感じると思います．公的資金の使い方を考えるときに，日本の
プレゼンスというのはかなり重要視されているように思います．

参加者全員での議論③

再び全員で議論を進めました．

参加者 7：2014 年にロシアがクリミアを併合したときに，一時，米国とロシア
の外交関係はほぼ遮断されました．しかし，ISS の運用に関しては協力を続
けるということがありました．ですので，ISS は瞬間的にでも世界平和の象
徴という役割を果たしたのかなと思っています[6]．プレゼンスみたいなもの
をどう捉えるかという議論は，私もすごく勉強になって，実際問題としてロ
マンが語られつつも，政治の場面ではやっぱり日本の立ち位置みたいなこと
で，文書の中ですごく意思決定が出てきている．それをロマンと言い切って
しまうのも問題ですが，それを支えるものの 1 つに，ある種のロマンという

---

6) 2014 年のクリミア紛争の際には，NASA も研究交流の自粛などを行いましたが，ISS の
運用のみ例外的に続けられました．これは宇宙開発における国際協調を象徴している一
方で，当時米国のスペースシャトルが引退し，有人輸送能力を持つ国がロシアのみと
なっていたという背景もあります．2022 年のロシアのウクライナ侵攻時は米国も民間
企業ながら有人輸送能力を確保していましたが，ロシアへの経済制裁により宇宙産業も
影響を受け，ロシアのソユーズを使用した官民の宇宙機の輸送はスケジュールが不透明
になりました．ISS との有人輸送についても，3 月 30 日にソユーズによって米露の宇宙
飛行士が地球に帰還しましたが，ロシア側が SNS で危険性をあおるような発信をする
などしており，今後の ISS 運用の協力に関する情勢は不透明です（玉澤 2022）．本書あ
とがきも参照してください．

か，みんながやりたいと思っているみたいなことがあるということが，つまりロマンというのがそういうものと切り離せないようなものであるというような視点をいただけたと思いました．

参加者8：まったく賛成です．ロマンというかどうか分からないですけれども，科学というのはそういういろんなものをつなげていくところがあります．たとえば，ヨーロッパのCERN（欧州原子核研究機構）はスイスとフランスにまたがって建っていて，欧州の統合のシンボルにしたんだという話もあったみたいです．

参加者9：最終的に地球が駄目になったら，人間は宇宙に移住しなきゃいけないという考え方があります．宇宙に逃げることによって，絶滅を免れることができるかもしれないという，一縷の望みがある．難しそうでも，これに賭けるというのも，宝くじがロマンであるというのと同じような意味で，1つのロマンじゃないかと思います．そういうロマンというのは結構，面白いなと思います．それで思い出したのが，ミチオ・カクの『人類，宇宙に住む』という本ですけれども，あれなんかはもっとすごくて，地球から逃げ出したとしても，でも，いつか宇宙は滅びるじゃないかというような話です．いつか宇宙が滅びるときに，われわれはマルチバース，つまりこのユニバースじゃない，アナザーバースに行く可能性はあるんだろうか，そこまで話をしていた本で，これはなかなかロマンだなと思いました．

> 考えてみよう（3回目）：ロマンは公的有人月探査を推進する理由になると思いますか？　賛成／反対の軸上で，あなたの意見はどのあたりに位置しますか？

対論者のコメント

対論型サイエンスカフェを終えて，対論者はどのように感じたのでしょうか．最後に対論者から議論を振り返ってのコメントをもらいました．

磯部（対論者）：私は今日，完全に賛成派の立場でロマン，ロマンと言っていましたけれども，今日はちょっとポジショントークしました．それから宇宙

探査の意義のために言わせてください．私は元々，ロマンだけで3,000億円かけるということは無理だろうと思っていました．議論を通じて，ロマンということが，他の理由と独立してあるのではなくて，もう少し，色々な理由と絡んで語られているということに気付けたのが，すごく個人的に収穫だったと思います．

呉羽（対論者）：宇宙開発の文化的インパクトの研究とかかわるような興味深い課題を，いろいろ見つけさせていただけたかなと思います．1つは「ロマン」という言葉も曖昧で様々な側面があり，これをどうやって分析して，深掘りしていくかということです．この言葉がそもそもどういう経緯で使われるようになったのかとか，そういうところも調べてみれば面白いかなということを思いました．それから，今日私がした政治哲学の話も倫理的な話だけれども，1つの専門職倫理として，公的資金の使途に関する説明の仕方の倫理も考えていかなきゃいけないなと感じました．実現可能性の曖昧な夢を語ることを，宇宙飛行士などは普通にやっているし，科学者もやるけれども，そういうことが倫理的によいのかどうかという問題です．

参加者の意見変化

参加者には，3回の意見表明をしてもらいました（図Ⅱ-4）．1回目はファシリテーターからの情報提供を終えたあとです．2回目は対論者の主張を聞いたあと，3回目はすべての議論を終えたあとです．途中参加の人がいたため図の中では1回目から3回目で人数が違いますが，3回の意見表明に参加した9名の様子を図で見てみましょう．

図Ⅱ-4　参加者の意見変化の様子．左から1回目，2回目，3回目．

1回目では賛成派と反対派が半々でした．賛成派（中央から左）が4名，反対派（中央から右）が4名，中立派（ちょうど中央）が1名でした．賛成派4名は中央よりやや左の箇所にマグネットを置いており，賛成の度合いはそれほど高くはありません．2回目では賛成派が中立派になる傾向がありました（賛成派が2名，反対派が4名，中立派が3名）．3回目では反対派がやや増えました（賛成派が3名，反対派が5名，中立派が1名）．

意見が変わった理由は何だったのでしょうか．アンケートで聞いたところ，注視していく必要性から中立派になった，意見を聞いていく中で有人の主たる理由をロマンにするのは説明がつかないなと思いはじめたという回答がありました．

まったく立場が変わらなかった参加者も9名中6名いました．意見が変わらなかった理由を同じように聞きました．「ロマン単独あるいはそれを主な理由とする正当化が成功しているように思われるから．」，「元々，ある程度事情を知っていたので．」，「公共政策の理由付けとして夢や未来じゃ弱いと再確認できたから．」，「やや賛成だったがもっと具体的な計画についてなら，反対になったかもしれない．具体的な話でないと反対はしない．」という回答がありました．

考えてみよう：最終的に，あなたの立場に変化はありましたか？

コラム　宇宙科学・探査

「宇宙科学」とは何か

　「宇宙科学」という言葉は，宇宙を対象とする科学（天文学）を指す昔ながらの意味に加えて，より新しい意味では宇宙（あるいは宇宙技術）を利用する科学を指します．たとえば，JAXA を構成する機関の 1 つである「宇宙科学研究所（ISAS : Institute of Space and Astronautical Sciences）」は，この意味での宇宙科学を研究する機関です．新しい意味での「宇宙科学」は，昔から存在する天文学と部分的に重なりますが，宇宙開発が実現してから生まれた新しい科学であると言えます．このコラムでは，主として後者の新しい意味での「宇宙科学」について紹介します．

　さて，宇宙を利用する「宇宙科学」と一口に言っても，そこには様々な研究分野や活動が含まれます．大まかには，(1)人工衛星・ロケット等による科学観測，(2)宇宙探査機による宇宙探査，(3)宇宙ステーションや宇宙基地における宇宙環境利用科学があり，また，これらの「理学」的な科学だけでなく，(4)それを支えるための技術を開発する宇宙工学も，宇宙科学の重要な部分を担います．新しい技術が実現すると新しい理学的観測や探査が可能になり，また理学的観測や探査からの要求が新たな技術開発を促すという意味で，宇宙科学は工学と理学が密接に連携する形で進められています．以下では，(1)〜(3)について，その動向を順に解説していきます．

宇宙科学の動向 (1)——人工衛星・ロケット等による科学観測

　天文学は従来，地上の望遠鏡による観測を主要な手段としてきましたが，このやり方では地球大気に吸収されてしまう電磁波（X 線や赤外線）は利用できません．そこで，人工衛星や観測ロケット，観測気球を使用することで，地球大気の影響を受けることなく，これまで見えなかった宇宙の姿を観測できるようになりました．こうして，X 線天文学や赤外線天文学が発展し，宇宙に関する知識は大きく増えました．

　現在運用中の日本の衛星としては，たとえば，太陽観測衛星「ひので」（2006 打ち上げ）などがあります．2016 年に打ち上げられた X 線天文衛星「ひとみ」は大きな期待を集めましたが，事故のために短期間で運用を終えました．現在，後継機として X 線分光撮像衛星（XRISM）の開発が進められており，2022 年度に打ち上げられる予定です．

　また，他の天体ではなく地球の磁気圏や周辺の宇宙空間を宇宙機で観測する研究や，人工衛星による観測を用いた地球科学も，広義の宇宙科学に含めることができます．

宇宙科学の動向 (2)——宇宙探査

　「探査（exploration）」とは，行ったことのない場所やなじみのない場所に行き，そこにあるものを調べる活動のことです．宇宙に関しても，そこに人間が実際に行って

みる（有人探査），あるいは「はやぶさ」のような探査機を送り込む（無人探査）ことで，初めてわかることが多々あります．なお，一口に「探査」と言っても，そこには，(a)目標天体の近くを通過（フライバイ）する際に観測を行う，(b)目標天体を周回しながら観測を行う，(c)目標天体に着陸して観測を行う，(d)目標天体の表面から試料（岩石や砂，土など）を採取し，それを地球に持って帰る（サンプルリターン），といういくつもの手法ないし段階があり，それぞれの手法でわかることは異なります．

　これまでに人類は，月や惑星，小惑星などの探査を通して，人類の活動領域を拡大させるとともに，太陽系とこれらの天体の歴史を明らかにしてきました．今後の宇宙探査によって，生命の起源のような大きな問題にも迫れる，と期待されています．こうした無人探査の歴史や有人探査の科学的意義については，後でそれぞれ解説を加えます．

宇宙科学の動向(3)──宇宙環境利用科学

　国際宇宙ステーション（ISS）などの宇宙ステーションでは，微小重力などの宇宙環境の特性を生かした物質科学や生命科学の実験が行われており，新しい素材や医薬の開発にもつながりうると期待されてきました（ただし宇宙での実験はコストが高くつくので，科学コミュニティではその必要性を疑問視する声もあります）．

　また，宇宙環境が人間や他の動物に及ぼす生理的・心理的影響を調べる「宇宙医学」や「宇宙行動科学」の研究も行われています．特に，宇宙放射線や微小重力の影響は，人間が宇宙空間で長期間にわたって生活する上で脅威となることから，それを解明することが将来の本格的な有人宇宙開発に向けて重要な課題とされています．さらに，こうして得られた知見が，地上での人々の医療などにも役立てられる可能性があると言われています．

宇宙探査の歴史と展望[1]

　ここで手短に宇宙探査の歴史をまとめておきましょう．ただし，有人探査の歴史については第Ⅲ部で詳しく述べますので，ここでは主に無人探査を取り上げることとします．

　宇宙探査の歴史は，ともに月を目指した米ソの宇宙開発競争に始まります．この競争は「アポロ計画」にて人類初の有人月着陸（11号，1969）を達成した米国が制しましたが，ソ連もまた「ルナ計画」などを通して無人月探査で様々な成果──初の月フライバイ（1号，1959），初の月の裏側の撮影（3号，1959），初の月軟着陸（9号，1966），初の月周回（10号，1966），初の月サンプルリターン（16号，1970）など──を挙げました．また，これと並行して，火星や金星にも探査機が送られました．初の火星フライバイと火星表面の撮影に成功した「マリナー4号」（米，1964打ち上

---

1)　本項の記述は，寺薗（2014）に依拠しています．

げ，1965 火星フライバイ）は，クレーターだらけの死の世界，という火星の姿を明らかにしたことにより，衝撃をもたらしたと言われます．

　1970 年代には惑星探査が本格化します．初めて木星や土星に迫った「パイオニア 10 号」（米，1972 打ち上げ，1973 木星に最接近）・「11 号」（米，1973 打ち上げ，1974 木星に最接近，1979 土星に最接近），それらのより詳しい調査を行った「ボイジャー 1 号」（米，1977 打ち上げ，1979 木星に最接近，1980 土星に最接近），さらには天王星・海王星にまで迫った「ボイジャー 2 号」（米，1977 打ち上げ，1986 天王星に最接近，1989 海王星に最接近），初めて水星に接近した「マリナー 10 号」（米，1973 打ち上げ，1975 水星に最接近）のように，より遠い惑星への探査が進みます（パイオニアやボイジャーは，まだ見ぬ地球外知性体へ向けたメッセージを刻んだプレートを搭載していたことでも話題になりました）[2]．その一方で，火星や金星に対しても，それまでより本格的な探査が行われます．米国は，火星の周回とその鮮明な映像の送信を成し遂げた「マリナー 9 号」（1971 打ち上げ）や，火星に着陸して生命探査を行った「バイキング 1 号」・「2 号」（ともに 1975 打ち上げ，1976 火星着陸）などの探査プログラムを実施し，ソ連は，「ベネラ計画」を通じて，金星への着陸（7 号，1970）や金星表面の映像の送信（9 号，1975）に成功します．

　その後，1980 年代には，金星の探査がやや活発に行われ，ハレー彗星への国際共同探査（米・ソ・欧・日，1986）が成し遂げられる，といった動きはあったものの，月探査が一度も行われないなど，宇宙探査は停滞します．しかし 1990 年代以降には，純粋に科学を目的とした探査が行われるようになり，再び宇宙探査は活発化します．月探査機「クレメンタイン」（米，1994 打ち上げ）は，月の極軌道を周回してその全球を初めてデジタル形式で撮影し，また月の水の存在可能性を示しました．また，木星軌道を周回しその観測を行った木星探査機「ガリレオ」（米，1989 打ち上げ，1995 木星到達）と，土星軌道を周回しその観測を行った土星探査機「カッシーニ」（米，1997 打ち上げ，2004 土星到達）は，木星の衛星エウロパおよび土星の衛星エンケラドゥスにおける海の存在の可能性を示しました．火星探査では，米国が 2003 年に打ち上げた 2 台の火星探査車（「スピリット」と「オポチュニティ」）が，過去に火星表面に水が存在していた痕跡を発見しました．

　また，2000 年代頃になると，米露に加えて，ヨーロッパや日本，中国，インドなどの国々も活発に宇宙探査を行うようになります．日本の宇宙探査計画としては，様々なトラブルを乗り越えて 2010 年に小惑星イトカワからサンプルを持ち帰った小惑星探査機「はやぶさ」（2003 打ち上げ）や，その後継機で，2020 年に小惑星リュウグウからサンプルを持ち帰った「はやぶさ 2」（2014 打ち上げ）は，よく知られているでしょう．他にはたとえば，2010 年に打ち上げられ，一度金星周回軌道への投入に失敗

2）　ボイジャー 1 号，2 号はそれぞれ 2012 年，2018 年に太陽系を離脱し，現在も恒星間空間を飛行し続けています．

しながらも5年後に再度挑戦して成功した「あかつき」などがあります．中国とインドはそれぞれ「嫦娥計画」と「チャンドラヤーン計画」という月探査計画を進めており，2020年には，中国の「嫦娥5号」が米ソ以来となる月のサンプルリターンを成功させました．火星探査でも，2021年に（米国に加えて）アラブ首長国連邦と中国の探査機が相次いで火星に到着しています．

これに加えて，最近の注目すべき動向として挙げられるのは，民間企業・団体が宇宙探査にかかわるようになってきたことです．グーグル社をスポンサーとし，Xプライズ財団が2007〜2018年に実施した「グーグル・ルナ・Xプライズ」は，民間による初の月面無人探査を競ったコンテストで，結局勝者なしに終わったものの，大きな注目を集めました．

今後の宇宙探査の見通しとしては，月や小惑星の資源探査や，火星のサンプルリターン，火星や木星・土星の衛星の生命探査，などが重要になってくると思われます[3]．

有人宇宙探査と宇宙科学

有人の宇宙探査もまた科学に貢献してきました．たとえば，アポロ計画を通じて持ち帰られた月の土壌や岩石のサンプルから，月，地球，そして太陽系の起源と進化について多くのことがわかりました．いま米国や日本が計画している有人月探査計画「アルテミス計画」でも，さらなる科学的成果が期待されます．

しかし，宇宙科学コミュニティではしばしば，有人探査は無人探査に比べて費用対効果が低いと言われてきました．確かに人間には探査車などの無人機に見られない機動力や臨機応変な対応能力がありますが，有人プログラムは無人プログラムと比べて桁違いのコストがかかるのです．ロボット技術の発展が著しいことも考え合わせると，宇宙は将来ロボットが活躍する舞台となっていく見込みもあります．

探査を含む有人宇宙開発はその始まりから，科学的な目的のためと言うよりも，国威発揚などの政治的な目的のために行われてきたのが実状です．たとえば，米国が行ったアポロ計画では，何よりもソ連に対する技術的優位を示すことがその主眼だったと言われています．こうした点を踏まえれば，有人宇宙開発は純粋に科学的な営みとは考えない方がいいでしょう．

宇宙科学と社会のコンフリクト

宇宙科学は熱心なファンも多くいる重要な営みですが，社会の他の営みと衝突してしまう場面もあり，難しい問題を生み出しています（呉羽 2017）．

第一に，公的資金の配分をめぐる問題があります．人工衛星や宇宙探査機の打ち上げを伴う宇宙科学は，高額なコストがかかる「ビッグサイエンス」であり，その財源

---

3) 第III部も参照．また，月探査については春山（2020）を参照してください．

は主に市民の支払う税金です．しかし宇宙科学は，純粋な知的好奇心を主要な動機とするものであり，社会に対してどんな利益をもたらすかは見えにくいです．それでは，なぜ市民はそのコストを負担しなければならないのでしょうか．税金を原資とする公的資金は，人々の生活とより密接にかかわる事業（たとえば医療や，社会問題・環境問題の解決）のために使われるべきではないでしょうか．

　第二に，宇宙環境の保護をめぐる問題があります．たとえば，月への旅行や月資源の開発を目指す計画がありますが，将来それらが実現すれば，月環境が改変されることは避けられず，これらの宇宙の本来の姿を明らかにすることを目指す月科学の研究を妨害することになりかねません．しかし，「科学を邪魔するから」という言い分は，人々に富や便利さ，楽しみをもたらす民間事業をやめさせる理由になるでしょうか．

　これらの問題については，科学コミュニティだけでなく，市民の皆さんを含む様々なステークホルダーが議論していかなくてはなりません．

文献
呉羽真（2017）「宇宙倫理学プロジェクト——惑星科学との対話に開かれた探究として」，『日本惑星科学会誌 遊星人』26(4)：174-181.
寺薗淳也（2014）『惑星探査入門——はやぶさ 2 にいたる道，そしてその先へ』朝日新聞出版.
春山純一（2020）『人類はふたたび月を目指す』光文社新書.

（呉羽　真）

議論その2　宇宙の資源開発

　「宇宙資源の開発をどのように実施すべきですか」という問いを設定し，「積極的に個々の主体のイニシアチブで宇宙資源の開発を進めるべきである」と「慎重に一般的な枠組みの下で，宇宙資源の開発をするべきである」という2つの意見を対論軸の両端として議論を進めました[1]．積極派の対論者を寺薗淳也さん（会津大学（当時），惑星科学），慎重派の対論者を近藤圭介さん（京都大学，法理学）にお願いしました．

　「一般的な枠組み」というのは今回の場合，基本的には国際協調を重視して，すべての国家，および，その下にある企業などが包括的に管理の下に含まれるような国際的な体制の下で資源開発は実施すべきだということになります．「個々の主体」とは，たとえば企業などがそれぞれの意思の下に動いて実施しようということになります．基本的な対立軸は，何か国際的な機関をつくって，その管理・監督の下で，許可をもらうなどしてやるべきなのか，そういう管理がないまま，個々の事業主体が自分のイニシアチブで勝手にやっていいのかどうか，になります．

ファシリテーターからの情報提供

　2020年10月14日，宇宙開発に関する「アルテミス合意」が国際宇宙会議で発表され[2]，日本，米国，カナダ，イギリス，イタリア，オーストラリア，ルクセンブルク，アラブ首長国連邦の8カ国による代表が署名しました．アルテミス合意の内容は，透明性の確保，緊急事態における協力，物体の登録，サイエンスデータの公開などいろいろありますが，その中のセクション10は

---

1) 本章のもととなったのは，2020年10月20日，Zoomを用いたオンラインイベントとして開催した対論型サイエンスカフェ「宇宙の資源問題，どうする？」の議論です．7名の方にご参加いただきました．

2) https://www.nasa.gov/specials/artemis-accords/img/Artemis-Accords-signed-13Oct2020.pdf?fbclid=IwAR1ofLILMV0tS1ldrEomsXlShvJ-gM56eWFMjq4AboOFVvS5XeNlI9-AibM

「宇宙資源」についてです．具体的には，

1. 締結国は宇宙資源の利用が，安全で持続可能な運用のための重要な支援を提供することで，人類に利益をもたらすことに留意する．

2. 締結国は，月，火星，彗星，または小惑星の表面または地下からの回収を含む宇宙資源の抽出と利用が，宇宙条約[3]に準拠し，安全で持続可能な宇宙活動を支援するやり方でなされるべきであることを強調する．締結国は，宇宙資源の採取が，宇宙条約第 2 条に基づく国家の取得を本質的に構成するものではなく，宇宙資源に関連する契約およびその他の法的文書は，同条約と一致している必要があることを確認する．

3. 締結国は，宇宙条約に基づき，宇宙資源採掘活動について，国連事務総長をはじめ，一般市民や国際科学コミュニティに情報を提供することを約束する．

4. 締結国は，COPUOS での継続的な取り組みを含め，宇宙資源の採掘と利用に適用される国際的な慣行と規則をさらに発展させるための多国間の取組みに，この合意の下での経験を活かしていく．

となっています．

　アルテミス合意のなかに出てきた宇宙条約第 2 条はどのようになっているかというと，「月，その他の天体を含む宇宙空間は，主権の主張，使用，もしくは占拠，または，その他のいかなる手段によっても国家による取得の対象とはならない」とあります．

　これは所有に関する規定ですが，もう少し直接的に宇宙資源に関して言及しているものがあります．月協定の第 11 条です．第 3 項に月の資源について，「いかなる国家，政府間国際機関，非政府間国際機関，国家機関又は非政府団体若しくは自然人の所有にも帰属しない」（JAXA ウェブページより）と書いてあります[4]．ただし，月協定は米国や日本なども含めて批准している国が少な

3）宇宙条約や，後述の COPUOS についてはコラム「宇宙開発のための国内外のルール」を参照してください．

いのが現状です.

　宇宙資源に対して先行して法律の整備をしているのは米国とルクセンブルク
です.米国は 2015 年の 12 月に宇宙資源探査利用法という法律を制定していま
す.ルクセンブルクは 2016 年に法案を提出し,2017 年に成立させています.
いずれもビジネスチャンスを積極的に設けるためです[5].これに呼応するよう
に宇宙資源に関連するベンチャー企業が現れています.さらに,ベンチャーだ
けではなくて,たとえばトヨタが月面用のローバー[6]を開発するなど大企業の
動きもあります.

　ところで,宇宙の資源について,何をどこで採取し,どうやって使うので
しょうか.何をどこで採取するかというと,たとえば月では(充分にあるかは
確定していませんが)水,小惑星だとレアメタル(地球上には非常に少なかった
り,あっても採掘コストが非常に高い金属)が候補です.また,月ではレゴリス
という砂があり,それに吸着したヘリウム 3 という物質が将来のエネルギー源
として期待されています.

　一方どうやって使うかというと,その場で使う場合と地球に持ってきて利用
する場合が考えられます.その場での利用は,将来の基地や住居のための建材
であったりとか,地球に帰ってくるときに利用するロケットの燃料であるとか,
あるいは生命活動・維持のための水の利用などが想定されます.地球に持って
きて利用する場合は,レアメタルのように地上で枯渇していたり希少だったり
するものを持ってくるというような利用方法があり得ます.近年では惑星に埋
蔵している資源の価値を評価しランキング化するようなサイトも現れています
(図 II-5).

4) https://www.jaxa.jp/library/space_law/chapter_2/2-2-2-20_j.html(2022 年 3 月 31 日閲覧).
　日本は批准していないため仮訳になります.
5) なお,このあとアラブ首長国連邦も法整備をおこない,日本でも 2021 年 6 月に「宇宙
　資源の探査及び開発に関する事業活動の促進に関する法律」(宇宙資源法)が可決,
　4 ヵ国目の宇宙資源法整備国となりました.
6) 日本語では「探査車」.衛星や惑星の表面を走行しながら探査します.

図 II-5　小惑星資源の価値を表示する「Asterank」のウェブサイト（https://www.asterank.com/）．左欄に小惑星ごとに資産価値が算出されています.

考えてみよう（1 回目）：宇宙資源の開発をどのように実施すべきかと思いますか？　積極／慎重の軸上で，あなたの意見はどのあたりに位置しますか？

対論者の主張

積極派（寺薗）：宇宙資源開発は積極的に個々のイニシアチブで実施すべき

　まず，地球の資源は有限です．人間の歴史を振り返ってみますと，戦争というのは今も結構起きていますが，こういうのは大体，資源をめぐって起きているということは間違いありません．さらに困ることに，地球の資源というのはどこにでもあるわけではなく，たとえば政情が不安定な国とか，資源を政治的に利用しようとする国などに資源が多く眠っているという皮肉な現実があります．たとえば，中国が日本と尖閣諸島の領有権を争う問題の中で，レアメタルの輸出を禁止しようとしたことがありました．レアメタルは，私たちがよく使うリチウムイオン電池とか，ハイブリッド車のモーターとかに使われる金属ですけれども，こういった最先端分野の技術開発に一番不可欠なのに，地球上では，たとえばコンゴ民主共和国のような，非常に政情が不安定なところとか，あるいはさっきの中国のようなところにしかない．経済

発展しようとすると資源をめぐる争いになってしまうということがあります．先述のアルテミス合意などもそうですけれども，人間がこれから宇宙にどんどん進出していくでしょうが，そのときに現地の資源を使えるようにしておいたほうがいいのではないかと思います．月面であれば，月に存在する水を資源として活用するのが一番いいと思います．そういうことを踏まえると，宇宙開発を進めていく，あるいは人間の社会，人類全体の長期的な成長の中で，地球以外の宇宙空間の資源を求めていくというのは，理にかなった動きじゃないかと思っています．

　一方，宇宙資源というのは，実は日本にとって外交の切り札になるという点もあります．アルテミス合意というのは，米国が決めた枠組みの宇宙開発，特に有人宇宙開発に必要な協定です．日本はこれに参加しますが，そもそも米国が何でこんな協定を持ち出したかというと，その背景には米国が自国をリーダーとして進めているアルテミス計画という，人間を月に送り込む計画があります．このアルテミス計画というのは，実は月の資源の利用とものすごく密接にかかわっています．米国は事あるごとに，月の水を利用して，将来，人間を月に住まわせるようにしようというようなことを言っていますが，そこに向けて今，アルテミス計画の名の下に，米国の民間企業が多数，月の資源の採掘，水資源の探査などに参入しています．これは米国だけではありません．たとえばアイスペース社という日本のベンチャー企業は，月資源の利用を目指して，2022，23年ぐらいに探査機を民間企業として打ち上げるという計画を持っています（2020年10月現在）．それから，日本というのは資源が少ないので，有効に利用したり，少ない資源をより的確に見つけるというところの技術が発達している，資源の開発が元々非常に得意な国でした．こういう日本の強みを生かせる宇宙資源の利用というのは，資源が少ない日本にとってはまさに経済再生，あるいは，国家再生のための外交戦略の最強のカードとして使えるんじゃないかというふうに思います．

　さて，宇宙開発というのはこれまで国家が主体として行われてきたということは，皆さんご存じだと思います．たとえば，アポロ計画．あるいは，今の中国の月探査なんかも，国家主導というのをまだ続けていますが，最近で

は，民間企業が宇宙開発をリードする時代になってきています．その典型的な例がスペース X 社です．2002 年に設立されたこの会社は，10 年たたないうちにロケットを打ち上げて，ロケット輸送ビジネスを始めるようになって，今では有人宇宙船まで飛ばすというところまで成長しました．こういうふうに今民間企業が，宇宙開発にどんどん参入しています．月に探査機を着陸させようなんていう企業は，ムーンエクスプレス社ですとか，あるいは Amazon.com の CEO のジェフ・ベゾスが率いているブルーオリジン社などと，何社も現れています．宇宙資源開発も実は先ほどのアイスペース社をはじめとして，民間企業が主体で進められています．こうなってくると将来，宇宙開発における宇宙一大産業というふうに宇宙資源開発がなってくるかもしれない．今まで宇宙開発というのは国が科学のために進めるという感じで，なかなかビジネスとして広がらなかったんですが，宇宙資源開発というのはまさに宇宙をビジネスの場として活用していくという，壮大な時代の幕開けになるんじゃないかと思います．民間は競争原理が働きますので，ある企業が別の企業よりも優秀な技術を開発する，あるいは，月にある企業のほうが別の企業よりも安く資源探査のための人工衛星を打ち上げるといったような競争によって，どんどん技術や価格などが進歩していくということになるでしょう．こういう競争というのは 1，2 年で起きるものではなくて，10 年，20 年といったスパンになってくると思いますけれども，そうなってくると，宇宙資源開発というのはやがて人間のライフスタイル全体を一変させる可能性というのを秘めていると思います．そういうときに日本だけが様子見をするんじゃなくて，われわれも積極的に進んでいくというふうな立場がいいんじゃないかと思います．

慎重派（近藤）：慎重に一般的な枠組みの下で，宇宙資源の開発をするべき

　現状の確認から始めたいと思います．現時点で，宇宙資源の開発は開始されていません．しかし，寺薗さんがおっしゃるように，国家主導のものに加えて，近時急速に発展を遂げている民間企業による宇宙開発事業の一環として，宇宙資源の開発が近い将来に着手されようとしています．そして，これらの事業では，基本的には開発主体のイニシアチブに基づいて，自由で積極

68

的な開発が望まれているものと思われます．しかし，このようなかたちで開発が性急に着手されると，いくつかの重大な問題が発生することが予想されます．ここでは，それらの問題のうち，開発競争から生じる衝突，持続可能な開発の確保の困難，そして，不公正な利益の分配という問題を取り上げたいと思います．そして，これらの問題ゆえに，「宇宙資源の開発は慎重に，一般的な枠組みの下で実施されるべきである」と主張したいと思います．言い換えれば，月協定第 11 条が定めるように，宇宙資源を人類が共有するものと位置づけ，その開発を適切な管理・監督のメカニズムのもとに置くべきである，という主張をここでは展開します[7]．

　1 つ目の問題は，宇宙資源の開発競争から生じる衝突の危険です．既に寺薗さんが指摘されたとおり，資源というのは常に人類にとって紛争の火種でした．同様のことが，宇宙資源にも当てはまると考えます．現状では，宇宙空間は，領有の禁止や環境の保護などの宇宙条約上の制約，また民間企業には国家による規制もありますが，基本的に自由な活動に開かれた空間です．ですので，たとえば，複数の開発主体が競合するようにして同じ地点に埋蔵されている有益な資源の開発を計画し，実行するなどということが予想されます．そして，このような競合が最終的に衝突へとエスカレートする危険性というのは，決して少なくないのではないか，と考えるのです．このような衝突が予防・解消されるべきならば，必要とされるのは，多様な開発主体による資源開発の計画や実施を事前に調整し，実際に紛争が生じた場合にはそれを解決するようなメカニズムを設定することであろう，と思われます．これが，一般的な枠組みが必要となる 1 つ目の理由です．

　2 つ目の問題として，宇宙資源の開発の持続可能性に関する懸念を取り上げたいと思います．現在，開発が模索されているのは月や地球近傍の小惑星に埋蔵されている水資源や鉱物資源などです．これらの資源については，そ

---

7) 立論にあたっては，とりわけ公正さと持続可能性の観点について，Schwartz and Milligan (2017) と Schwartz (2016) を参考にしました（なお，これらの論文では，資源の科学的使用の優位性が説かれています）．

もそも開発に適しているものがそこまで豊富であるわけではないという推定もあり，また，一度消費されると再生が困難な資源も含まれています．そうだとすれば，多くの開発主体が個別的に，しかも早い者勝ちで開発を進めてしまう場合には，持続可能なかたちでの開発が困難なものとなることが予想されます．このような，いわば野放図な開発に歯止めをかけて，持続的な資源の利用を確保するということが望ましいとするのであれば，科学的な調査に基づいて持続可能な開発のための計画を策定し，あるいは適宜修正しながら，個々の主体による開発活動が，この計画に合致しているかどうかを監督するような機関の存在が不可欠になるというふうに思われるわけです．これもまた，一般的な枠組みが必要となる理由となるように思われます．

　3 つ目の問題として，宇宙資源の開発における不公正な利益の分配という問題を指摘したいと思います．宇宙資源の開発には，容易に想像できるように，豊富な技術力と資金力とが必要になります．それゆえ，宇宙資源へのアクセスは万人に開かれてはおらず，不平等であるということができます．そのため，宇宙資源の開発に従事し，そこから利益を引き出すことができる主体はおのずと限定されていくことになります．ここで指摘すべきことは，この宇宙資源へのアクセスの不平等というのは，地球上に存在する富の偏在が大きく影響しているという点です．加えて，宇宙資源の利用は，この不平等ゆえに，地球上での人々の間の富の偏在をさらに拡張する方向で作用する危険性も有しているという点も，考慮すべきかと思います．もし，このような不平等が問題であると捉えるのであれば，宇宙資源の開発に従事する能力を欠くような主体の利益に十分に配慮するような開発計画の策定を促したり，あるいは，宇宙資源の開発から得られるような利益の公正な分配の仕組みを組み込んだ一般的な枠組みというものが，やはり必要になるであろうという結論になるかと思います．

> 考えてみよう（2回目）：宇宙資源の開発をどのように実施すべきかと思いますか？　積極／慎重の軸上で，あなたの意見はどのあたりに位置しますか？

参加者全員での議論①

参加者1：海底資源とか，あるいは南極の資源とかの開発については，結構いろいろなルールが既にできているように思います．宇宙資源の開発をめぐるルールについては，そういうルールがどの程度参考にされているか，そしてどのような相違があるのか，興味があるので教えてください．

近藤（対論者）：現状では，宇宙資源の開発について明示的にルールを定めているのは，私の主張が念頭に置いている月協定の第11条です．この条約の起草は，海底資源の開発についてのルールを含んでいる国連海洋法条約の第11部，いわゆる深海底開発レジームの創設作業と同時期の1960年代から70年代にかけて行われています．ですので，両者には様々な類似点があります．たとえば，「人類の共同財産」という文言がともに採用されており，資源開発を管理する共通の機関の設定が予定され，また資源開発について発展途上諸国を含めたすべての国家の利益やニーズへの配慮が要求されていることや，それに対して先進諸国が反発したことなどですね．

　　ただ，両者がその後に辿った道が異なります．国連海洋法条約の深海底開発レジームについては，当初から割と細かく規定が用意されていたのですが，大幅な修正が加えられて，1994年に合意が成立しました．現在は167カ国を加盟国として，既にこの枠組みの運用が実際に始まっています[8]．それに対して，月協定については，資源開発についての枠組みをめぐる規定が大雑把であり，その具体化は将来的な発展に任せるというかたちを採用しているにもかかわらず，その発展を見ないまま，残念なことに，未だ20弱の国家の批准しか得ていません．結果として，現状では，宇宙条約が規定する諸原

---

8) 深海底開発レジームの中心に位置する国際海底機構（International Seabed Authority）の活動については，次のウェブサイトを参照してください．https://www.isa.org.jm/

則による規律にとどまっています.

参加者 2：宇宙資源開発でライフスタイルが変わるというお話がありましたけ
　　れども，実際的に私のような一般市民にとってどう変わるのか，一般市民に
　　わかる生活上のメリットというのはどういう点にあるのか，教えていただき
　　たいと思います.

寺薗（対論者）：私が一番考えているのは，先ほどの話にも出てきたレアメタ
　　ルとか，今まで地球上では使いにくい，あるいは，高くて使えないと言われ
　　てきた資源をふんだんに利用できることによって，どういうふうに変わって
　　いくかという話です.

　　　ちょっと夢物語的になるかもしれませんが，1 つは非常に機能の高い素材
　　とか，あるいは今の数十倍の容量がある電池とか，そういったものの開発に
　　よって，たとえばエネルギー分野で言えば，石油とか石炭に頼らずに，再生
　　可能エネルギーだけですべての生活が賄えるとか，あるいは素材の面で言え
　　ば，鉄などに比べ今より 5 倍とか 10 倍とか強い，そういう素材などがごく
　　当たり前に使えるようになると，非常に軽い船とか自動車とか，そういった
　　ものが造れるようになり，これもエネルギーの消費の減少につながってくる
　　かもしれません.

　　　何かが安上がりにできるとかと言うよりは，素材とか，そういったところ
　　で私たちの生活が少しずつ変わっていくようになっていくというのが，私の
　　宇宙資源利用のイメージになります.

参加者 3：正直，問題設定がまったく分かっていないんですけれども，私は 1
　　から 9 のうち 7（慎重側）にしました.やっぱり好き勝手やられると，後々
　　どうなるか分からないので怖いなというのと，あとは寺薗先生のお話を聞い
　　ても，具体的に生活がどう変わるかという部分がまだよく分からないなとい
　　うのがあります.それから，私は貧乏なのでお金持ちが好き勝手にやるのが
　　大嫌いというのがありまして，なので，イーロン・マスクとかジェフ・ベゾ
　　スとかが，より豊かになるとかいうのが，嫌な気持ちになるなというところ
　　があります.どっちかと言うと，そういう金持ちが好き勝手やるのに反対す
　　るような，そういう立場です.今のところ，完全に気持ちの話ですけれども,

そういう意見でおります.

参加者4：とある航空宇宙関係の企業でエンジニアをしている者です．私は積極的に個々の主体のイニシアチブで実施すべきという方向の立場です．工学系の分野だと，エンジニアの考え方に合わせて制度が後から変わっていくという部分が正直あります．特に AI や自動運転という技術が現在そうであるように，法整備とかのほうが後になって出てきている部分があると思うので，そういった制限を先に設けてしまうと，技術の発展が阻害されるんじゃないのかと思います．

参加者5：私は研究者ではなくて，技術系の職種なんですけれども，ここでどっちにつくかというか，難しいです．私は優柔不断なんで真ん中辺をだいたい選んでしまうんですけれども，さっきは7番，慎重寄りに投票しました．まず，紛争を防止するために枠組みが必要だとはもちろん思うんですけれども，ただ，全部それで縛ってしまうと，つまり冥王星まで縛るのか，オールトの雲[9]まで縛るのかみたいな話となり，そこまで縛ってしまうと夢がなくなっちゃうなとは思います．だから，たとえば近い月とかだと絶対に紛争になるんで，月は明確に法律で縛るけれども，そこより遠く，火星は微妙な距離ですけれども，遠くはちょっと自由なところもあっていいのではないでしょうか．あるいは同じ星，同じ月や火星の中でも，自由な地域もあれば，制限されている地域もあるとか，そういうことがあってもいいのかなとは思います．

グループでの議論②

グループ1：宇宙資源の研究あるいは開発の自由度というのが議論になりました．

　どんな資源をどういうふうに探したり開発するのか，また，最終的に何を

9）太陽系を取り囲む大きさ1万から10万 au（1 au は太陽と地球の平均距離で，約1億5000万 km）の球殻状の微惑星の分布．彗星のうち軌道長半径の大きいものはここからやってきたと考えられていますが，現時点では観測されていません．

つくるのか，というのはまったく分かりませんが，多分いろんなソリュー
ションがあり，最終的なプロダクツまで考えると，本当に素晴らしい，地球
上ではつくれない何かができる可能性は十分あるでしょう．

　一方で，誰が何をやっても絶対にルールは必要だと思います．たとえば資
源を開発したときに，日本でもそうですが，公害なんていう問題が必ず起き
るわけです．今，たとえば深海で資源開発が進みつつありますが，やはり過
去の過ちを考えると，必ず予測できない要素があります．たとえば 6,000 m
の深海で開発をしても，もしかしたら人間生活にいろんな影響を与える可能
性はありますし，生物多様性の問題は無視できない．なので，深海の開発に
は国際的ルールがあります．ただ，現実を考えると，海底資源は開発を進め
るほうがいいだろうという流れがあるので，国際的枠組みがあっても比較的
自由に行ってしまうんだと思います．

　だから国際的ルールがある，ないというのと，自由に開発できる，できな
いというのはまったく違う次元の話です．どんなルールかは別だし，ルール
をどの程度厳格に守るかということもまた違う問題ですが，ルールなしとい
うことはあり得ない．問題は，そのルールの中でどの程度自由度があるかだ
と思います．翻って宇宙の話をみると，先ほど国際的枠組みがあると慎重で
あって，ないと自由だという話だったんですが，むしろ国際的枠組みの中で
自由度というものが別に存在していて，それに従って，企業がどの程度自由
にやるか，あるいはできないかということが決まるんじゃないか，という議
論がありました．だから，宇宙においても，ルールを誰がどのようにつくる
かというところが今後重要なのかなと思います．

グループ 2：議論ではまず，宇宙倫理学の観点が出てきました．その中で出て
　　きた「インテグリティ」という概念の話がスタートポイントでした．これは
　　倫理学の用語なので難しいかもしれませんが，「統合性」などと訳されてお
　　り，ある場所が人間の開発などによって損なわれていない，といったことを
　　意味します．宇宙資源開発もやはり，たとえばその場所に統合性があるのか，
　　ないのか，というような点から一定の基準を定めて，それに基づいてやって
　　いったほうがいいんじゃないか，という意見が出ました．

　また，先ほどの議論にも出てきた話ですが，好き勝手にやられると困るなというのがあります．特に何が困るかというと，その世界の統合性というのがやっぱり失われてしまう．

　もう1つは，これとまた別の方向の意見でしたけれども，今のところ宇宙輸送の費用はものすごく高いので，誰しもがその場所に行って資源開発できるわけではないということで，まだ資源に関しては，みんなが寄ってたかってやるようなこともないだろうから，むしろ少しインセンティブを与えたほうがいいんじゃないかというような，ちょっと別の対立軸のような話も出てきました．

　最後に，タイムスケールをどこまで広げたほうがいいのかという話題も出ました．10年なのか，20年なのか，あるいは100年なのかというようなところで，その宇宙資源の問題をどの時間軸で考えるかというのが問題の根底にあるんじゃないかという話も出てきました．たとえば，どういうふうな時間軸で捉えますかというときに，お一方は，自分の人生の年代で考えている．その方は40歳ぐらいなので，80歳の人生として，あと40年ほど．私はどちらかと言うと，もうちょっと長い期間．そういう時間軸の違いというのが意見にも反映されているんじゃないかなというようなお話も出て，これはなかなか興味深かったと思います．

グループ3：いくつか，グループ1とグループ2で出てきた意見と重なるところもありましたが，まず，基本的に慎重側に投票された方は，開発競争から生じる摩擦であるとか，持続可能性の問題とか，あるいはよく分からないけれども様々な危険性みたいなものがあると思うとのことでした．少なくともいけいけどんどんな感じではなく，慎重に，世代間とか，国ごとの公平性を保ちながらやるべきだという前提がまずあります．その一方で，現状でそもそも宇宙資源を開発競争して，それを奪い合って紛争になったりとか，あるいは，資源を誰かが占有することが地球上ですごく大きな経済的インパクトがあるようには思えないというのもあって，まだそこまで進んでいないんだったら，将来的には宇宙で使える資源が多いこと，そのたくさんの資源が使えることによって人類全体にメリットがあるということなら，まずは自由

に進めたほうがいいんじゃないかという意見もありました.

　また，少なくとも各主体がイニシアチブを持って自由にやるためにも，ある程度ルールはあったほうがむしろいいのではないかという意見も出ました.紛争解決のルールとか枠組みとかがない状態だと，誰かが何かをやったときに他の人から責められるかもしれないし，実際，日本の宇宙活動法[10]に見られるように，民間が自前のビジネスをどんどん進めるためにも，ちゃんとルールを整備しておいて，やっていいことと，やっていけないことが峻別されていたほうが，むしろ民間が自由にできるということがあるので，そういう意味ではルールがあったほうがいいんじゃないかというような意見です.

　それから，いずれにしても不確定性がやはりあまりに大きいということがあります.先ほど申し上げたように，現状ではそんな，そもそも奪い合うほどの資源が使えるような状況になっていないとか，コストが高過ぎて経済的に何かペイするようには思えないような状況があるわけです.でも，もしたとえばすごくコストが下がって，地球上で必要とされているレアメタルがすごくガサッと採れるということになったら，ゲームが丸っきり変わってしまうので，そういう可能性は少ないけれども，何か大きく変わる可能性が排除されていないという，そうした不確定性が大きいことが問題を考えるときに難しくさせている要因ですね，という議論になったりしました.

　グループごとの議論内容を聞いたうえで再度全体で議論・質疑応答を行い（掲載は省略），3回目の投票が行われました.

考えてみよう（3回目）：宇宙資源の開発をどのように実施すべきかと思いますか？　積極／慎重の軸上で，あなたの意見はどのあたりに位置しますか？

---

10) 人工衛星の打ち上げや管理，損害賠償などについて定めた国内法です.同時に制定された衛星リモセン法とともに「宇宙2法」と呼ばれることもあります.

対論者のコメント

寺薗（対論者）：今回，対論型サイエンスカフェという場で，皆さんにいろいろなことを考えていただくという対立軸をつくるという意味で，私は今回自由にやるべきという意見を割と強めに出していますけれども，実際のところ，宇宙資源を使う側，宇宙資源開発を見ている側として，私はどちらかと言うと慎重にすべきという考えに近かったりします．

　あんまりガシガシと宇宙資源を開発すると，やっぱり宇宙を汚してしまうのではないかとか，あるいは科学者の立場としては，宇宙資源の開発によって，たとえば月のサンクチュアリと言うか，科学でまだ明かされていないような場所がとっとと資源開発で壊されてしまうようなことは避けたいというようなことも考えています．

　今のグループディスカッションの中でも非常に面白かったのは，不確定性がまだまだ大きいというところかと思います．実は私も月に水があって，それを利用して基地をつくってなんて説明を最初にしましたが，実は月に水があるかどうかは，誰もそこに行って確かめたわけじゃないですし，雑巾で水を吸い取ってギューッと絞った人もいないわけです．まだ，あるかないか分かっていないのに，話だけがどんどん今，先走りしているというところもちょっとあると思います．

　一方で，ただ，分かったときに議論を始めると，ちょっと遅いというのも確かです．既にビジネスとしてそういうのを始めている企業も非常に多くなってきているので，今回，こういうふうに議論したいいろいろな話というのを，もう1回，そういう実際の状況と照らし合わせながら，たとえば日本でも世界でも宇宙資源開発というのが盛り上がってきたときに，そこで何か私たちが意見を言えるようにするというようなところに生かしていければいいのかなと思っています．

近藤（対論者）：私自身も，どちらかと言えば慎重派です．ただ，慎重すぎて様々な懸念に対応するような枠組みを設定しようとするならば，逆に開発の枠組みに対する普遍的な合意，とりわけ開発を進めたい主体からの合意を得られないという問題があるのが難しいところだな，と感じています．

　たとえば，立論のなかで，宇宙資源の開発は一部の技術力と資金力を持った主体しか携わることができないため，そこから生じるであろう利益の不公正な分配には手当が必要だ，ということを述べました．このような懸念は実際にも少なからずあるでしょうし，賛同される参加者の方もいらっしゃったかと思うのですが，この点をあまり強く押し出し過ぎると，たとえば米国のような宇宙資源の開発を比較的自由に行いたい，あるいは民間企業に行わせたい国家からの賛同は得づらいですよね．事実，月協定が未だに実効性を発揮していないのは，この辺りに原因があるわけですから．

　宇宙資源の開発を円滑に行うためには，なんらかの一般的な枠組みは不可欠だということについて，それほど反論は出ないと思います．問題は，強制的なエンフォースメント（法執行）が基本的には期待できない状況下で，多様な主体に自発的に遵守してもらえるような枠組みを作る必要があるという制約のなかで，資源開発をめぐって生じる様々な問題のどれに，どのような仕方で，そして，どの程度まで対処するかを，多様な主体の利害関係を配慮しつつ考えることが，ここでは必要になるのだと思います．

　最後に，そもそも人類は宇宙の資源を自由に使用していいのか，という根本的な疑問に触れておきたいと思います．私自身，現時点でこの点に明確な考えをもっているわけではありません．一方で，我々がこれまで蓄積してきた地球上の資源の使用をめぐる考え方，つまり資源に対する所有権の正当化と制約をめぐる考え方がある程度は使えそうだという感覚はあります．ただ，資源が宇宙に所在するという特殊性がこの応用を妨げるか否かについて，慎重に検討する必要がありそうだ，ということは言えると思います．

参加者の意見変化

　参加者には，3 回の意見表明をしてもらいました．1 回目はファシリテーターからの情報提供を終えたあとです．2 回目は対論者の主張を聞いたあと，3 回目はすべての議論を終えたあとです．3 回の意見表明に参加した 6 名の様子を表 II-2 に示しました．

　1 回目では慎重派がやや多数を占めました．積極派（数値 1～4）が 2 名，慎

表II-2 参加者の意見変化の様子.

参加者 ID	1回目	2回目		3回目	
a	8	9	↑	6	↓
b	3	3	→	3	→
c	3	3	→	3	→
d	9	9	→	9	→
e	8	7	↓	6	↓
f	9	9	→	9	→

数値（1から9）は参加者の立場を示します. 積極派が数値1〜4, 慎重派が数値6〜9です. 数値が大きくなるほど, 慎重派であることを示します.

重派（数値6〜9）が4名, 中立派（数値5）が0名でした. 2回目では, 積極派が2名, 慎重派が4名でした. 6名のうち4名の数値が1回目と同じでした. 3回目でも, 積極派が2名, 慎重派が4名で, 慎重派が優勢でした.

　意見が変わった理由は何だったのでしょうか. アンケートで聞いたところ,「グループディスカッションを通じて, 新たな論点やアプローチに説得されたから. 当初私は「べき」を倫理的なニュアンスで理解していたが, 類似事例にかかわる法や制度と照らし合わせて判断するというアプローチや, 規制整備の必要性やコストのような効率性を考慮するアプローチに触れて, この問題にふさわしい「べき」の位相にチューニングできたから.」という回答がありました.

　1回目から3回目にかけてまったく立場が変わらなかった参加者は4名です. このうち, 2名が積極派, 2名が慎重派でした. アンケートにて, 意見が変わらなかった理由を聞いたところ, 新たな視点を得られなかった（「意見が変わるほどの新たな知識を得たり, 議論を出来た訳ではないので.」,「判断材料が増えなかったから. みんなで議論するだけでは, 材料・情報不足は否めません.」,「誰のものか？という議論がなされないまま「有用かどうか」「規制を設けるべきかどうか」という話に向かっていったように思えます……はじめから「人間のものではないだろう」という立場でいた私には, 意見を変える材料は見つかりませんでした.」）という回答がありました.

　考えてみよう：最終的に, あなたの立場に変化はありましたか？

コラム　宇宙ビジネス

　近年，民間企業による宇宙開発の動きが急速に加速しています．これは当初米国を中心に始まった動きですが，ここ数年，日本でも宇宙開発を専業とするベンチャー企業が多数立ち上げられるなど，日本国内でもブームから定着への様相をみせています．

　宇宙開発は，その歴史の大半で国家が担うものでした．これは，もともと宇宙開発に必要となる技術開発が軍事目的と表裏一体で進んできたこと，宇宙開発に必要となる巨額の費用やリスク負担は国家のみが可能であったことなどが要因です．

　しかしこの傾向は，特に冷戦崩壊後，1990 年代から徐々に変化し始めました．これに関しては，政治的，技術的両方の要因があると思われます．

　政治的な要因としては，上記のように軍事との兼ね合いが減少することによって，軍との関連が少なくても宇宙開発に加わることができるようになったということが大きいでしょう．

　一方，技術的な面としては，宇宙開発にかかるコストが大幅に低下したことが挙げられます．従来の宇宙開発では打ち上げや人工衛星の開発に膨大なコストが必要でした．しかし，1980 年代の米国の宇宙軍事計画，いわゆる「スターウォーズ計画」を契機に宇宙機器の小型化が進んだ一方，技術の向上により，従来は宇宙環境に適合した特殊な部品を使用しなければならなかったものが，通常我々が日常生活で使う製品に含まれるような部品，いわゆる「民生品」によって，ロケットや人工衛星が十分高い信頼性で製造できるようになりました．

　このような背景もあって，2000 年代以降，宇宙開発に参入する民間企業が増加してきました．このように新しく参入する企業群を，旧来から宇宙開発にかかわっている企業群と区別する意味で「ニュースペース」と呼びます．

　こういった宇宙開発に新規参入する企業は，大きく次のように分けられます．

- ・輸送系：ロケットをはじめ，空中発射など，様々な手段で宇宙へのアクセス手段を開発する企業．手段も，小型のものから有人規模の大型のものまでを含みます．
- ・人工衛星：特に超小型衛星と呼ばれる，機能を絞る代わりに非常に小型の衛星の開発を行う企業が多いです．
- ・通信：上述の超小型人工衛星の技術を利用し，低軌道に極めて多数の人工衛星を配置することで，地球上どこからであっても安価かつ高速，確実な通信環境を提供します．
- ・地球観測データ：人工衛星から地球観測データを取得するだけでなく，それらを分析し，顧客のニーズに合わせた情報を提供します．これは環境だけではなく，たとえば他国の経済状況の分析，交通状況のモニターなど，幅広い分野を含みます．

・周辺産業：宇宙開発に関連する周辺的な産業への参入も相次いでいます．エンターテイメント，教育，さらには宇宙関連企業をサポートするサービスなどもここに含まれるでしょう．

　宇宙開発に新規参入する企業は基本的に新規に立ち上げられたベンチャー企業が多く，さらには短期での成長を目論む「スタートアップ」も続々と誕生しています．
　こういった宇宙開発ベンチャー企業の代表格といえば，なんといってもスペース X 社でしょう．
　大富豪であるイーロン・マスクの手により 2002 年に設立された同社は，2006 年には NASA の民間商業輸送プログラム（COTS）に参加．同年には同社初のロケット「ファルコン 1」の打ち上げを実施しました．これは成功しなかったものの，2010 年にはさらに大型化した「ファルコン 9」の打ち上げに成功しました．
　その後も快進撃は止まらず，2012 年には NASA から受注した国際宇宙ステーション（ISS）への補給船（ドラゴン宇宙船）打ち上げに成功，2018 年にはより大型の「ファルコン・ヘビー」打ち上げに成功，そして 2020 年には民間企業初となる有人宇宙船「クルードラゴン」の打ち上げに成功しました．企業設立から 10 年未満でロケットの打ち上げに成功し，20 年未満で有人宇宙船の開発に成功するというスピード感と技術力は，これまでの宇宙開発企業では考えられないものです．
　一般的にベンチャー企業は，少人数で技術を基本として運営され，素早い意思決定とより少ない予算での企業運営が特徴です．官公庁や政府組織のように，巨大で意思決定が遅く，計画の遅延などにより予算が膨張するようなことがあれば，企業としては経営にとって致命的となります．その点はベンチャー企業の「足回りのよさ」が生かされた形となっています．
　また，ここ 20 年ほど，ベンチャー企業への資金供給が活発であったことも，こういった企業を育てる重要なポイントであったことに触れておく必要があります．宇宙関係に限らず，IT 系などのテック企業には 2000 年代に入ってから多くの投資が集まるようになっています．こういった企業は，技術開発に成功すれば大きなリターンが得られることから，投資家にとって大きな魅力があります．また，こういった起業したばかりのベンチャー企業を応援する「エンジェル」と呼ばれる投資家の存在も大きいでしょう．
　国家もベンチャー企業をサポートするようになっています．米国は 2000 年代に入り，上述の民間商業輸送プログラム（COTS）によって，特に低軌道輸送を民間企業に委ねると共に，資金供給や試験設備提供など民間企業の宇宙開発を後押ししてきました．最近では月輸送に関しても「商業月輸送サービス」（CLPS）という枠組みを導入し，2022 年からはこれに沿った形で，月への民間企業による輸送プログラムが実施される予定です．
　また，ルクセンブルクのように，宇宙資源利用をはじめとした宇宙開発企業を積極

的に誘致し，資金供給や法律面でのサポートなどを提供するという"spaceresources.lu"というイニシアチブを立ち上げた国もあります.

　日本国内でも，ここ数年，宇宙開発ベンチャーの動きが活発になってきています．日本では，かつては「宇宙ベンチャーは日本の宇宙産業の風土に合わない」とされてきましたが，最近では資金供給や事業構築などで日本独自の考え方を取り入れたベンチャー企業が増えています．独自の月着陸船開発で月輸送ビジネス確立を目指すアイスペース社，人工流れ星技術を核に小型人工衛星技術でのビジネス拡大を狙うエール社，スペースデブリ除去衛星の開発を実施しているアストロスケール社など，すでに多くの企業が積極的な活動を実施しています．

　一方，民間による宇宙開発はいいことずくめではないという点にも気をつける必要があります．

　民間である以上，事業からの撤退も企業の意思で自由に行えます．また企業である以上，倒産や破産，合併などによる事業継続不可などの可能性も考慮する必要があります．

　たとえば，米国で立ち上がった宇宙資源探索・採掘のためのベンチャー企業 2 社はそれぞれ買収されるという形で消滅しています．買収したそれぞれの会社は現在のところ宇宙資源採掘に向けての動きをとっていません．

　もっとも，国家の宇宙プロジェクトであっても，たとえば政治的な意図や国際的な問題（国際プロジェクトの場合）などで中止されることはあり，継続性のリスクは国家事業であればゼロになるということはありません．

　むしろより大きな問題は，民間宇宙開発を担保する国際的な法の枠組みの制定が遅れていることにあるでしょう．宇宙条約では国家による宇宙開発は規定していても，民間についての記述はほとんどといっていいほどありません．新たな法的枠組みの確立や国際的な紛争解決機関の設置などが急がれるところです．

文献

石田真康（2017）『宇宙ビジネス入門　NewSpace 革命の全貌』日経 BP 社．
大貫美鈴（2018）『宇宙ビジネスの衝撃――21 世紀の黄金をめぐる新時代のゴールドラッシュ』ダイヤモンド社．
小塚荘一郎／佐藤雅彦編（2018）『宇宙ビジネスのための宇宙法入門〔第 2 版〕』有斐閣．

（寺薗淳也）

議論その3　宇宙技術のデュアルユース

　「宇宙技術のデュアルユースは許容される？」という問いを設定し，賛成／反対の対論軸で議論を進めました[1]．賛成派の対論者を大庭弘継さん（京都大学，国際政治論），反対派の対論者を神崎宣次さん（南山大学，倫理学）にお願いしました．

ファシリテーターからの情報提供

　「デュアルユース」という言葉について説明します．ロケットを例に出すと，遠くに物を飛ばしたい，そのときに空気中の酸素を使わずに燃料を燃やしたい，ということをまず考えます．宇宙空間や空の高いところは空気（酸素）がありませんので，それを使わずに燃料だけを燃やして，反作用で輸送するという技術が遠くへ行くときに欲しいわけです．この技術だけを見ると，一方では輸送という意味でロケットになりますし，それに爆弾とかが付いてしまえばミサイルということになります．技術というのは，軍事用であったり，民間・一般用だったりするわけですが，片方の技術がもう片方の技術に使える，つまり共通の技術が両方（デュアル）の目的で使える（ユース），というのがデュアルユース技術というものです．

　科学技術一般に言われることですが，宇宙関係というのは結構そのような技術が多いわけです．2019年に日本天文学会が出した声明に具体例が挙げられています（日本天文学会 2019）．たとえば望遠鏡は，遠くを見る，小さいものを見るものであり，それは物体の捕捉ですので軍事にも使えます．GPS[2]は軍事利用から始まったものです．

---

1) 本章のもととなったのは，2021年1月29日，Zoomを用いたオンラインイベントとして開催した対論型サイエンスカフェ「宇宙技術のデュアルユース，どこまで大丈夫？」の議論です．9名の方にご参加いただきました．
2) 現在ではより一般的に全球測位衛星システム（GNSS）と言われますが，ここではGPSで統一します．

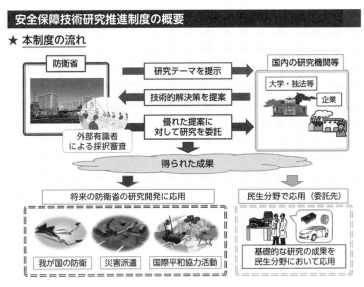

図 II-6　安全保障技術研究推進制度のパンフレットより.

　いろいろな技術が宇宙関係で使われているわけですが，宇宙関係は最先端技術のためデュアルユースの側面を持たざるを得なくなります.

　さて，先ほど紹介した日本天文学会の声明ですが，なぜこんな声明が出されたかというと，その背景には 2017 年に日本学術会議が出した「軍事的安全保障研究に関する声明」があります（日本学術会議 2017）. 声明では過去に出された「軍事的安全保障研究に対しては慎重に」という旨の声明を継承することが書かれています. この声明は，2015 年度に発足した安全保障技術研究推進制度に対してどうアプローチするかということで，「慎重に」ということを訴えるために学術会議が出したものです.

　安全保障技術研究推進制度のパンフレットより図を引用します（図 II-6）. 防衛省がお金を出して，防衛目的と民生目的のどちらにも使えるような技術のために，宇宙技術開発などの基礎的な研究をしてもらおうという制度です. 今の制度では，1 件につき 1 年間に 3,000 万円だとか，最大だと 5 年間で 20 億円とかというお金が付いて，基礎的な技術の研究に使えるというような状況に

なっています．

　さて，このように，そもそも技術というのは一方では最先端の科学に使われて，一方では軍事技術に使われる側面があるわけですが，これをどう考えますか，というのが今回議論する内容になります．

考えてみよう（1回目）：宇宙技術のデュアルユースは許容される？　許容される／されないの軸上で，あなたの意見はどのあたりに位置しますか？

対論者の主張

賛成派（大庭）：宇宙技術のデュアルユースは許容される

　デュアルユースの推進は，大きく3つの利点があるというのが私の主張です．まず初めに経済効果，次に戦争抑止，そして技術革新．この大きな3つの利点がデュアルユースの推進にあります．

　まず経済効果です．2018年ではざっくり700億ドル，日本円だと約7兆円ぐらいが全世界の宇宙開発にかける予算です．そして，皆さんショッキングに感じるかもしれませんが，大体この半分ぐらいが軍事予算です．しかしながら，デュアルユースの推進は，軍事に使っている宇宙開発予算を民間も使用できることでもあり，事実上，軍事宇宙開発を民間の宇宙開発へとその中身を転換させることにもなります．それは，民間に多大な恩恵をもたらし，民間の宇宙開発がこれまで以上に進むというのが第一の利点だと思います．

　次に戦争抑止への貢献です．宇宙開発に軍事と民生が協力する，そして宇宙開発が加速することは，宇宙の軍事化，武装化もまた加速されてしまう危険があります．しかしながら，それは逆説的に戦争勃発を抑止することにもつながります．これまで軍事衛星の配備など宇宙の軍事化は，その詳細が分かりませんでした．しかしながら，軍事予算が民間に開放され，民間が宇宙にますます進出するにつれ，宇宙に注目する人々もますます増えてきます．そうなると，宇宙での軍事活動への関心も増し，不透明な軍事活動も明らかになってくるでしょう．その結果，宇宙での不透明な軍事活動が困難となり，

結果として戦争の抑止へとつながります.

　戦争抑止について付け加えますと, デュアルユースの推進は, 軍事と民生の区別を消滅させることになります. 仮にどこかの国が宇宙で戦争を始めようとしたとします. ところが, 宇宙に民間の人工衛星があるとすれば, 宇宙での戦争は民間を巻き込むことになる. ある衛星が軍事だけではなく, 複数の民間企業が共同利用している. 宇宙での戦争は, 民間を巻き込む危険性, 危惧が格段に跳ね上がる. そうなると, 国家は戦争へと簡単には踏みだすことはできない. この点でもデュアルユースの推進は, 宇宙での戦争抑止につながることになります.

　最後に技術革新について. 一般的に, 「軍事研究が技術革新をもたらした」という俗論がありますが, 私はその論には立ちません. しかしながら, 「これは軍事に協力する研究だから駄目だ」という論の弊害について, 指摘したいと思います. 先ほど紹介のあった学術会議の声明などによって, 軍事的安全保障研究と見なされる研究は制約を課されることになります. 軍事研究というラベルを貼られる, もしくは疑わしいとされると, 現場の研究者は困ります. その結果, 現場の研究者は様々な制約に足を引っ張られて, 自由に研究することができない. こういう不満を, こことは別のワークショップなどで工学者の先生からお話を伺うことがあります. しかしながら, デュアルユースの推進によって, つまり軍事と民間の技術は同じものなんだと自覚することは, 無理に技術を 2 つに分けるという弊害をなくすことにつながります. そうすると, デュアルユースの推進は研究者の自由な発想を応援することとなり, 技術革新にもつながる. そのように考えております.

　以上, 3 つの論, つまり経済効果, 戦争抑止, そして技術革新. こういうメリットがデュアルユース研究の推進には存在すると考えております.

反対派（神崎）：宇宙技術のデュアルユースは許容されない

　私はどこかにデュアルユース研究, あるいは開発の制限はあるんだという立場からお話ししたいと思います.

　私も 3 つ論点があります. まず 1 つ目は今の許容される派の最後のところに関連する話で, 研究の自由との関連ということです. デュアルユース研究

に制限をかけるのはまずいというときの主要な根拠の1つとして，研究の自由が挙げられるわけです．イノベーションだとか研究競争，あるいは経済競争みたいなものを阻害するというふうに言われることもあります．この研究の自由というのは，明らかに大事であるわけです．私のような倫理学者にとってすら，これは大事だということは明らかです．でも「研究の自由」と言うときに，別にあらゆる意味でフリーだという意味で擁護しなければいけない価値としての「研究の自由」を言っている人というのは，本当にどのぐらいいるのかというのはやっぱり疑問です．

　もし仮に本気で研究の自由というのを，いかなる制約も研究に対して課すべきではないという意味で主張したいという人がいるとしたら，何でそうなのか，何でそれが説得力のある主張なのかということをその人が説明しなければいけないわけですし，またあらゆる研究開発の具体例，技術の具体例に関して，その研究の自由を認めるべきというふうに肯定するのか，あるいはこれは研究じゃないんだというふうに切り分けるならば，その根拠を示さなければいけないわけです．これは結構ハードルが高いチャレンジだと思います．

　そして2つ目です．デュアルユースにやっぱりデメリットはあるんだけれども，研究とか開発，技術推進のメリットのほうが大きいんだという話があるかもしれません．でも場合によってはメリットによるデメリットの埋め合わせという考え方にそぐわないような技術というのもあるのではないでしょうか．たとえば核兵器とか大量破壊兵器みたいなものというのは，そういう技術の例に含まれる可能性があります．デュアルユースに関連して言うと，たとえば特定の国やアクターが，ここでのアクターは企業なんかでも構いませんが，それらが過度の影響力を獲得するというのは，それによってどのような利便性がもたらされるとしても望ましくないというふうに言うことができるかもしれません．デュアルユースは軍民両方で影響力を行使するわけですので，宇宙でのデュアルユースというのは，こうした望ましくない状況，つまり特定のアクターがものすごく強い力を持ち過ぎてしまうという状況を生じさせやすくするという懸念もあるということです．どこかに制限をかけ

ておくべきだと思います.

　そして 3 番目. これは戦争抑止という話に対応する論点ですけれども, 抑止力というのは高度な技術や兵器を保有している国同士, あるいはアクター同士の間でのみ働くわけではありません. たとえば核兵器禁止条約. これは基本的には核の非保有国がメインに加盟している条約なわけですけれども, 非保有国による保有国に対する牽制となっています. そうした形での抑止, あるいは牽制というのが実際に可能なわけです. 宇宙でデュアルユースを行う, 技術的に戦争を抑止するというのは確かに 1 つのやり方であるわけですけれども, 戦争抑止の方法というのはそれだけではないわけです. 抑止力のための技術という論法がデュアルユースを完全に正当化するということは恐らくないだろうというのが, ここでの論点です.

　以上の 3 つの論点, つまり研究の自由にも制限があるという話と, メリットがデメリットを上回るという場合でも制限があるという話と, 抑止としてもこれは万能ではないし, 他のオルタナティブがあるという 3 つの論点を, 私は今回提示させていただきたいと思います.

考えてみよう (2 回目)：宇宙技術のデュアルユースは許容される?　許容される／されないの軸上で, あなたの意見はどのあたりに位置しますか?

参加者全員での議論①

　実際の議論の様子を見ていきましょう. 最初は参加者全員の議論です. ファシリテーターがチャット欄からのコメントの代読をして進めました.

参加者 1：研究開発をどう進めるかの問題なんですね. 軍事民生両用の宇宙技術の研究開発はどこまで大丈夫かという理解でよいですか.

神崎 (対論者)：はい. 私はそれでいいと思います.

大庭 (対論者)：私もそれでいいと思います. 付け加えますと, 軍事予算として軍事関係の人たちだけが使っているお金を, 民間の技術開発にも使いましょうという形で研究開発も進めていく, そう理解してよいと思っておりま

す.

参加者2：「国主導の研究開発ということですね」とか，「研究開発の主体は誰ですか」という発言や質問があり，暗に「国が」ということを仮定していたと思うんですけれども，これが民間の軍事開発とかとなるとどうなるんでしょうか.

神崎（対論者）：私のほうは民間あるいは大学が関与している場合というのも一応想定した形で，今の論点を述べています．恐らく安全保障という話で言うと，今のところは国がやっぱり主体であるというところは大きいと思いますけれども，今後そのままかどうか分からない．そういうスタンスです.

参加者3：大庭先生は研究を無制限で行うことを想定されているのでしょうか.

大庭（対論者）：もちろん無制限とは考えていませんが，この対論では容認論に立って，そのメリットのみを挙げさせていただきました．無論そこには何らかの制限というのは出てくるでしょう．一番大きな制限というのは，核兵器以上の大量破壊兵器を生み出すかもしれないという問題です．核兵器以上の大量破壊兵器というのは，直径15kmの，約6,500万年前に恐竜時代を終わらせたような小惑星を運べる技術というのも恐らく含まれてくるんじゃないかなと思います．ただし，先ほどの話は，直近の技術開発に限って考えております.

参加者4：どこかに制限があるというときのどこかの線はどの辺りでしょうか．GPSの研究とかはどうでしょう？

神崎（対論者）：難しいところですよね．これがわかれば話が終わるのですが，皆が納得できるところというのは恐らくないでしょう．さっき少し大庭さんが触れられたように，研究をやっている方が恐らく懸念しているのは，自分自身の研究がこのどこかの線を越えてしまうことが十分にありうるということ．そういうふうに思われている方がたくさんいるという話です．ここは事実上いろんな形での交渉になると思うんですが，ただ1つ言えることは何かと言うと，たぶん生命倫理みたいなタイプの技術の話とは違う，つまり少なくとも一定期間のモラトリアムを設けて，その後にはそれが解除される可能性があるという見通しのあるタイプの線引きとはたぶん違うんじゃないかと

いうふうに私は考えています．明確な線を示せと言われると，ちょっとそれ
は分からないというのが正直なところです．

参加者 4：具体的に何が容認されるか教えてほしいです．

大庭（対論者）：はい．30 年ぐらい前の話なんですけれども，LE-5 という日本
の H2 に使っていたロケットエンジン，これを米国に輸出しようという話が
ありましたが，頓挫しました．なぜか．それは，軍事利用ということで，内
閣法制局からストップが入ったというのです．でも，そのロケットエンジン
を使って打ち上げる人工衛星というのは，今われわれも使っている GPS で
す．皆さんは GPS の恩恵を十分に受けていると思うんですけれども，GPS
は現在も米軍が管理しています．この GPS を打ち上げるロケットに日本の
エンジンを使おうとしたところ，軍事利用だということでストップが入った．
　これは 30 年前には大騒ぎでしたが，今同じような問題が出てきたとき，
大騒ぎにはならないんじゃないかと思います．今われわれが大騒ぎしている
問題は，数十年後も問題なんでしょうか．ちょっと抽象的な言い方になりま
すが，個別具体的な技術の数十年後の将来像を想定したうえで，そこから振
り返って，容認できるかできないか考えていく必要が出てくる，というふう
に考えております．

参加者 5：今回の議論に，民生品などの想定されていない軍事転用については
含まれていますでしょうか．

大庭（対論者）：これは神崎さんも同意いただけると思いますが，日本の宇宙
開発における軍事利用の線引きの理論として，「一般化理論」というのがあ
りました．防衛省・自衛隊は民間の技術をどこまで使っていいのか，もしく
は軍用品と民生品の線引きが不要な基準として，もう既に民間で一般的に使
われているものは別に軍事が利用してもいいのではないか，というのが一般
化理論になります．たとえが卑近になりますが，自衛隊が護衛艦等々にトイ
レットペーパーを大量に納入しますが，トイレットペーパーを自衛隊が使っ
ているから，このトイレットペーパーは軍事利用だと大騒ぎする人はいない
と思うんです．同じように，一般的に使われている民生品が軍事で利用され
ることについては，あまり問題視する必要はないと思います．

神崎（対論者）：私も，今回はこういう軍事転用の想定されていない民生品について は話に入っていないと考えていただいていいと思います．

参加者6：私は1回目と2回目，両方とも容認側のほうに入れたんですが，全部容認できるというわけじゃなくて，それこそどこかで制限がかかるのかなと思っていました．ただし，今回ちょっと聞きたい疑問でもあるんですけれども，その「どこか」というのがどこになるのかというのと，どういう考え方でその「どこか」というのの線引きを探っていくべきなのかなというのがすごく気になっていまして，そういうところ，線引きについてお考えがある方がいらっしゃれば聞いてみたいなと思っていますが，いかがでしょうか．個別に決めていくしかないのか，ある程度包括的に線を引けるのかというところで，ご意見を聞きたいです．

大庭（対論者）：今回取り上げたデュアルユースという言葉なんですけれども，軍事利用と民間利用の二面性を取り上げてデュアルユースという言葉を使っていますが，実は日本以外ではデュアルユースという言葉を使ったときに，善用と悪用，good use と bad use ないし misuse，この二分類のほうがメインで議論されております．特に議論されているのは生命科学の分野です．たとえば今パンデミックでわれわれは苦労してますが，ウィルスの感染力を増強するとか，毒性を強化するという研究は，基本的には駄目だと言われております．

　このように，明らかに全人類的に悪で，誤用・悪用されうる研究は恐らく禁止されるべきでしょう．宇宙技術のデュアルユースはその点で，議論はまだまだですが，たとえば小惑星衝突を引き起こしうる技術，つまり小惑星の牽引技術などは，もしかしたら今後規制の可能性があると考えております．

参加者7：神崎さんの発表の中の「抑止力のための技術」というところで核の場合も何かある程度，「保有国でない国が」とありましたが，それが本当に宇宙の場合でも適用できるのか，同じところで議論していいのかなというのを思います．というのも，どちらかというと宇宙のほうが既にある程度技術のあるところ，人工衛星を上げていたりという実績があるところが今重視されている状況なんじゃないのか，すると技術として持っておかないと，持っ

ていたいということになるのではと思っていまして，ちょっとその辺り，ご意見をもう少し伺いたいなと思います.

神崎（対論者）：はい．さっきの発表スライドの一番最後のところで，「宇宙開発である程度存在感をもっている国が」みたいな書き方をしていたのは，そういう問題を一応念頭に置いていました．このときに一応，話のモデルとして私が念頭に置いていたのは，南極のガバナンス，領有権の話で，南極に対してある程度は研究実績がある国というのが幾つかあるわけです．たとえば基地を持っていたりという形です．なので，たとえば宇宙で ISS に参加している国とそうじゃない国という形でその話に対応しているところがあると思うんですけれども，日本は南極に基地を持っている国ですが，南極自体に領有権というのを主張していない．それと同時に他の国の領有権の主張みたいなものを牽制する．そういうものを了承しないというスタンスになっているわけです．なので，今おっしゃられたような疑問点というのはまさにそうで，ある程度宇宙開発で存在感を持っている国なんかが，宇宙のデュアルユースに対してやっぱり制限をかけるべきだと主張する議論は，恐らくある程度の抑止力とか牽制みたいなものにつながるんだろうなというふうに考えています．存在感をまったく持っていない国の影響力というのをどう考えるかというのは，また別の話だと思うんですけれども，そのとき効いてくる要素の1つは国の数ですね．技術的に，宇宙に関して存在感というのがないんだけれども，そういう国がたくさん集まって何かを主張したとき，それがどの程度牽制力みたいなのを持つかというのは，正直分からないんですけれども，今の他の分野での主張，たとえば気候変動とかそういう分野での小国の発言力というのを考えると，必ずしも現在宇宙開発に関して存在感を持っていない国々が集まって何かを言ったときに，完全に無視できるかというとそうじゃない可能性もあると思います．

グループでの議論②

グループ1：僕は情報系の人間なのですが，今情報系も人工知能の兵器搭載みたいな感じで，デュアルユースへの議論がすごく活発化されていて，そうい

う観点からデュアルユースの線引きの話が出たり，デュアルユースの制限がかかることによって，どの分野の人が困るかな，みたいな議論がありました．たとえばエンジン工学の人とか，あとはちょっと宇宙から離れるかもしれませんが，人工衛星との量子暗号通信とか，あとは宇宙ゴミの除去みたいな分野がそれにあたるのかもしれません．あとは，これは別の話なんですけれども，軍事と学術研究との間に結局どういう関係があるのかという話にもなって，たとえば研究者が軍事とか民生とかと共同開発すると，やっぱり民生なら特許，軍事なら機密という面があって，そこから何かお金をもらって研究しても，自分の成果が世間に公表できなくなってしまい，それは結局研究者としてどうなのか，みたいな話もありました．

グループ 2：主に 3 つの論点についてわれわれは議論しました．1 つは，うちのグループは 5 人いたんですけれども全員文系で，宇宙技術といってもどんなものかあんまり分からないということがありまして，分からないけれども，やっぱり絶対駄目なものがあれば，あってうれしいものもあるので，一概にどっちかと言い切れず個別に考えるしかない，グラデーション（程度問題）で考えるしかないんだろうな，ということがまずありました．そんな中で，でも個別に考えるということになると，やっぱりわれわれみたいな文系人間にはなかなかきついんじゃないか，でもそうは言っても専門家と市民が議論することが大事で，しかしちょっとハードルが高いなというそういう感想が 2 点目でした．

　それからもう 1 つ出た意見として，軍事であれ経済であれ，やっぱりわれわれがこういう議論をするときに欲望に振り回されてしまうということがあって，特に今回国とかそういった単位で考えてしまうんですけれども，やっぱり人類みんなが平等に恩恵にあずかれるにはどうしたらいいのか，そういったことが重要なんじゃないか，日本なんてまだ宇宙技術があって悩めるだけ恵まれているんじゃないかと，そういった論点について私たちは議論しました．

グループ 3：前半は私（発言者）から，後半は他の参加者の方から別の方（参加者 3）に質問するような形で進めていまして，前半はまず，米国とかもっ

とばんばん軍事のほうに使ってしまっている国だったら，どういう議論がされているのかということを質問させていただきまして，そういう国ではそもそも軍事とか防衛に貢献できるというのはいいこととされていて，どちらかというと容認するかどうかというよりは，推奨するかどうかというところで，あとは個人的な良心としてそういうところに手を染めたくないという人がいて，そういう人たちをどう守るべきかという議論が既にされていると．そこは日本と大きく違うところだというコメントをいただきました．

　後半は，悪いことをされることを防ごうと思ったら，悪いことについてしっかり考えないといけないと．そういう指摘をされていました．軍事の研究をするべきではないと言いつつも，軍事的にワーストケースとして何が起きるかということはしっかり研究しないといけないというお話をしていました．

参加者 3：後半の話について補足すると，ホワイトハッカー[3]になるためには悪いハッカーのことを知らなければいけないという例に似ています．これと同じことが多分軍事技術的なことでもあって，侵略されるのを避けたければ，侵略する側がどんな技術を持っていそうなのかということをちゃんと勉強しなきゃいけないみたいなことは確かにあり，だから使うつもりがなくても実は研究はしなきゃいけないということは，そういう面では当然あり得るな，と思って聞いていました．

参加者全員での議論③

参加者 3：グループ 2 から出た，文系の人間からはどの技術が良くてどの技術が悪いか分からないというのは，確かにそのとおりなんですけれども，やっぱりだからわれわれ文系——私も哲学の人間なんで文系ですが——の人間ができるのは，こういう基準で判断してほしいみたいな基準を定義するということなのかな，とは思います．これこれこういうような条件を満たすもの

3）ホワイトハッカーとは，ネットワークについて高度な知識やスキルをもつハッカーの中でも，サイバー攻撃等からネットワークを守る専門家のことです．

はやめてほしいみたいな感じで，取りあえず基準は出す．あとはその技術が本当にその条件に合うのかどうか，たとえば論文を書いて発表したら，すぐに各国の装備に取り入れられるようなものはやっぱりやめてほしいとか，そういうような基準はいくつか出せはするだろうと思うので，そういう感じのかかわり方はできるのかなとはちょっと思いました．

　自分が参加した3つ目のグループでもちょっと言っていたんですけれども，まず1つは直接殺傷力を持つ技術と，GPSみたいにそれ自体は殺傷力を持たない技術との間に，1つ線引きの要素があると思うんです．あとは軍事利用と，技術の用途として先ほどトイレットペーパーの例を出されていましたけれども，民生利用がどれだけ大きいのかというその規模感ですよね．民生的な利用の規模と軍事利用の規模の規模感を比べたときに，圧倒的に民生利用の規模が大きくて軍事にもちょっと使われるみたいなものと，民生利用の規模はとても小さくてむしろ軍事のほうの応用面が大きいものとは，たぶん同列にならないでしょう．その規模感による線引きですね．このぐらいの規模感で民生利用されるものであれば，デュアルユースとはいえ基本は民生のものと考えていいだろうと，そんな感じの線引きはあり得るのかなとは思います．あとは何て言うか，たとえば「未必の軍事利用」という言い方を提案しているんですけれども，つまり今やっている研究は確かに民生の研究なんだけれども，明らかにすぐに軍事転用されることが分かっている民生研究と，作っているときにはとてもそういうことを想像していなかったんだけれども，結果としては使われましたというのは，当然区別されるべきでしょう．実際に軍事研究としてやっていなくても，すぐに軍事転用されるようなことが予測される状況下で研究しているものは軍事研究の側に含めて考えるべきだみたいな，そんなところに線引きがあるのかなと思います．日本で使われる規模を判断できるか難しいですが，ただ民生側の規模感は分かりますよね．あとは，実際にどう使われているかは分からないにしても，軍事的な有用性がどのぐらい高いかですかね．技術の内容を見たときに，これがどのぐらい軍事的に高く評価されながら広く使われそうかというのを，技術の内容から判断するということになるのかなと思います．

神崎（対論者）：今の方（参加者 3）の未必の軍事研究の区別ですけれども，宇宙の場合それを考えるとエンジン開発にも規制が入ってしまうので，その基準にはかなり抵抗があるんじゃないかと思います．ロケットなんかもそうですね．

参加者 3：そうですね．なるほど．

参加者 4：そもそも宇宙の技術は軍事から派生しているものが多いじゃないですか．宇宙技術をデュアルユースで軍事に使うのを止めようというのでなくて，もともと軍事技術ですと開き直られてしまったら，それをどう止めるかというのは，今の話で個人的には気になりました．

参加者 3：宇宙技術の発祥はもちろん軍事技術なんですけれども，今 NASA とか日本の JAXA とかでロケットに携わっている人たちが軍事技術という意識でやっているかというと，多分そうではない．なので，歴史をたどればもちろん同じ歴史を共有しているんだけれども，現時点で現場の意識としてはたぶんそこまで「俺たちがやっているのは軍事技術だ」とは思っていないですね．

参加者 4：ただ，NASA とか JAXA から請け負っている企業は，防衛も宇宙もやっている企業が多いので．

参加者 3：確かにそこまでいくとそうですね．

参加者 5：今のは開発している人たちの意識という話でしたけれども，予算を出している人たちの意図のほうがむしろ大きいのではないでしょうか．でもその人たちははっきり軍事とは言わないわけで，でも軍事目的というのが明らかに念頭にあるのは分かっていて，その建前と本音の違いがあるのでどれぐらい彼らの言うことを真に受けていいのかなというのもあるなと感じるんですね．

大庭（対論者）：すみません，直接関係しない話かもしれませんが，レーダーで面白い事例を紹介します．八木アンテナを皆さんご存じだと思います．昔，テレビを受信するために屋根の上に乗せていたアンテナです．あれは戦前の日本で開発されたものです．当初開発者たちは軍に持ち込んで，「軍事利用できますよ，これを使ってレーダーにしましょうよ」という話をしました．

　ところが，軍は「そんな電波を出すものは，闇夜に提灯，自分たちがここで軍事活動をやっているとばらすようなものじゃないか，そんなものは実戦では役に立たん」と猛反発したということです．日本はまったく軍事利用を考えていませんでした．ところが論文で発表したところ，欧米のほうが非常に食い付いて，軍事利用が進んで，八木アンテナはレーダーに転用されたとのことです．さらに笑い話として，日本軍がシンガポールを占領したときに英国の公文書をたくさん押収するんです．そこに「YAGI」という単語が書いてあるけれども，辞書を探してもどこにもない．これは何だと英国軍人に聞いたら，「これは八木アンテナだよ」ということで，そこで初めて日本の技術が軍事利用されていたのを知った，という笑い話があります．日本で開発した技術なのに軍事利用の可能性を日本軍は思い至らず，だが海外で軍事利用されていたという話です．技術のインパクトにしても利用法にしても，実は専門家でも明確に意図を持って判断できるとは限らない．

　もう1つ笑い話を加えますと，2020年に崩壊してしまいましたがアレシボ天文台の事例があります．宇宙人を探そうぜという SETI（地球外知性探査）で有名なあの大きいアンテナですが，実は米国のミサイル防衛の予算で建てられた施設です．科学者たちは「これで弾道ミサイルを探知できます，軍事利用できます」とぶち上げて，予算を取って造った天文台ですが，天文学者の中でアレシボ天文台を軍事利用だと思っている人はいないと思うんです．

　ということで，軍事利用と民生利用というのは両方に転換できるというだけじゃなくて，かなり入り組んだ形になっています．つまり軍事利用できますと言っておいて実は軍事利用をまったく考えていない場合だとか，軍事利用なんかできないと思われていたものが軍事利用されているだとか．非常に入り組んだ形で存在しており，これがややこしさを増しています．ど素人ではなかなか判断できない難しさがある事例として紹介させていただきます．

> 考えてみよう（3 回目）：宇宙技術のデュアルユースは許容される？　許
> 容される／されないの軸上で，あなたの意見はどのあたりに位置します
> か？

対論者のコメント

大庭（対論者）：私は，基本的にはデュアルユースをある程度許容しますが，
「デュアルユース全般で何でもオッケーです」という立場ではありません．
本音を言いますと，私の主張した利点は，いくつか欠点があります．たとえ
ば，私は宇宙開発でのデュアルユース推進は戦争を抑止すると主張しました
が，実際にはそこまでうまくいかないだろうと思います．民間アクターが増
加することは，軍事活動を民間の活動だと隠蔽（いんぺい）しやすくなるという側面があ
るからです．たくさん人工衛星が打ち上がります．人工衛星が多くなると，
監視の目も増えますが，監視できない活動も増えてくる．

　また，民間が人工衛星を運用できるとなれば，各国の軍隊だけではなくて，
テロリストも民間と偽って宇宙で活動するかもしれない．実はテロリストだ
が自前の人工衛星を使用して，民間の人工衛星を乗っ取って，人工衛星をぶ
つけてデブリを発生させ，他の人工衛星を攻撃するといったテロも可能にな
る，そういう恐れもあります．

　また，1 度でも宇宙で戦争がはじまれば，宇宙開発全般の雰囲気もガラッ
と変わるかもしれません．「民間も軍事もいくらでも宇宙に進出していきま
しょう」という雰囲気から，「宇宙みたいな危険なところに，なぜ民間企業
が出ていくのか．わざわざ危険に飛び込むということは，攻撃されてもいい
ということだよね」と見方が変わるかもしれない．

　ということで，私の立論はあえて容認論の立場からまとめましたが，そこ
まででうまくいかないというのが本音です．

　しかしながら技術革新の話は，本音そのものです．先日あるワークショッ
プで，工学系の研究者が，安全保障貿易管理や学術会議の声明で苦しんでい
るという話をされました．その話の中には，デュアルユースに関連した様々

な制約に加えて，制約に不満の声を上げること自体が色眼鏡で見られる．不満を述べることが「政治活動をやっているんじゃねえよ」と反発を受けるということで，二重にハードルが高いとおっしゃっておりました．

　ということで，軍事と民生を過度に線引きするのはよろしくないと，心の底から思っているところです．

神崎（対論者）：私自身は基本的には先ほどのような立場で，どこかで線引きはあるだろうというものですが，ただしその線自体をはっきり言えるかというと，やっぱりかなり怪しいところがあるわけです．けれども，ただ個人的に思うのは，デュアルユースの制限に対する反対として，たとえば研究者のほうが研究の自由みたいなものを出して，「研究の自由というのは何でもありなんだ」みたいなことを言うのは，多分あんまり良い手ではないだろうと思っているというのがまず1つです．もう1つは今日の発表でも挙げましたけれども，デュアルユースそのものが問題というよりは，むしろ宇宙に関連して大きすぎる力を持つようなアクターが出てくるほうがまずいだろうと思うわけです．なので，ちょっと今日話が微妙になったところは，たとえばGPS みたいなものを考えたときに，米国だけが持っているとまずいので，ヨーロッパとか中国とかが対抗的なものを作るという形になるため，そういうものについては，1つのアクターが独占しない形で，要するに他のアクターが研究をするということによって，むしろある種の問題を避けるという可能性は恐らくあるだろうと思います．ただ問題は，そうしたときの競争が，非常に激しくなったときに，これはやっぱり「いろんなところがこれをたくさん持っているというのはまずい」というタイプの技術も出てくる可能性があるということです．これは多分考えておかなきゃいけないことだろうと思います．

参加者の意見変化

　参加者には，3回の意見表明をしてもらいました．1回目はファシリテーターからの情報提供を終えたあとです．2回目は対論者の主張を聞いたあと，3回目はすべての議論を終えたあとです．3回の意見表明に参加した6名の様

子を表 II-3 に示しました.

1 回目では反対派（数値 6〜9）が 3 名, 中立派（数値 5）が 3 名でした. 賛成派 （数値 1〜4）はいませんでした. 2 回目では, 1 名が賛成派に変化したものの, 反対派が 4 名と多数を占めました. 中立派は 1 名でした. 3 回目でも反対派が多数を占めました. 反対派が 5 名, 賛成派が 1 名でした. 参加者アンケートにて, 1 回目の意見から最終的に意見が変わった理由を聞いた

表 II-3　参加者の意見変化の様子.

参加者 ID	1 回目	2 回目		3 回目	
a	5	5	→	6	↑
b	5	3	↓	3	→
c	7	6	↓	6	→
d	6	6	→	6	→
e	8	8	→	8	→
f	5	6	↑	7	↑

数値（1〜9）は参加者の立場を示します. 賛成派が数値 1〜4, 反対派が数値 6〜9 です. 数値が大きくなるほど, 反対派であることを示します.

ところ,「最初は何が何だかよくわからなかったが, よくよく考えると, そんなの未来の人がどう考えるのかはわからないのだから, 好きなようにすればと思ったから.」という回答がありました.

1 回目から 3 回目にかけてまったく立場が変わらなかった参加者は 2 名です. 2 名とも反対派でした. 参加者アンケートにて, 意見が変わらなかった理由を聞いたところ, 議論が十分に深まらなかった（「意見が変わるほど議論が深まらなかったからです. 時間が短いと感じました.」「おおよそ予想された内容であり, 大幅に意見が変わる事はなかった.」「全体的に聞き覚えのある議論ばかりだった.」「常日頃から意識している内容なので, 他の方の意見を浅く聞いたところで変わらない.」）という回答がありました.

考えてみよう：最終的に, あなたの立場に変化はありましたか？

コラム　宇宙の軍事利用と安全保障

　宇宙技術は戦争の産物です．1232 年の開封包囲戦でのモンゴル侵攻者に対する晋軍による「火矢」（huǒjiàn）の最初の実用から，1812 年のフォートマクヘンリーの砲撃時の英国のロケットの「赤い輝き」，第二次世界大戦中のドイツ陸軍による最初の V2 ロケットの発明まで，宇宙技術の運命は大国間の競争と密接に絡み合っています．冷戦期の米国とソ連の強力なライバル関係は，宇宙ロケットの発展を加速させる一方で，民生と軍事の両方の活動を支援する衛星の技術開発と利用という，全く新しい分野を開きました．

　20 世紀後半以降，現代社会は宇宙技術の応用に過度に依存しています．応用は次の 3 つのカテゴリーに分けられます．通信：事実上，地球上のどこの地点間でもデータ交換を可能にしました．リモートセンシング：多様な波長帯（可視，赤外，レーダー等）による地球観測を可能にしました．測位・航法・タイミング（PNT）：米軍の全球測位システム（GPS）などの全球測位衛星システム（GNSS）により提供される PNT サービスは，通信ネットワークや世界の金融システムの同期（タイミング），世界中の飛行機や船舶の安全な運航（測位・航法）などの様々な分野で応用されています．

　衛星技術への依存は，安全保障への応用を考えるとさらに強くなります．初期の宇宙競争の時代から，技術者と科学者は衛星の応用として，多くの安全保障目的の応用分野を開発してきました[1]．

- 衛星の観測能力を使用した地上または海上の脅威を特定し監視する写真偵察
- 宇宙から地上の通信を傍受する電気的――または信号の――諜報
- 大陸間弾道ミサイル（ICBMs）の打ち上げを感知し正確な軌道を評価する早期警告
- 陸，海，空軍の安全な行軍のための正確な天気予報を導き出す気象観測
- 地球の重力場の理解とそれによる ICBMs の正確な軌道予測モデルの導出のための測地

　全体として，宇宙技術は先進国のインフラに統合されているので，その大規模な混乱は，私たちを石器時代に送り返すことになります．多くの先進国は，衛星データへの過度の依存を理解して，自国の宇宙インフラを開発することで，他国の宇宙インフラへの依存から脱却することを決めました．このような反応の最も代表的な例は，やはり GPS でした．多くの国が独自の GNSS を開発しました．ロシアは 1980 年代まで

---

1) Stares (1985), pp. 13-18；現在の安全保障目的の衛星利用については，Schrogh et al. (2015) を参照してください．

には GLONASS を構築し，中国は北斗を保有し，EU はガリレオを保有しています．他の国は，インドの NavIC や，日本の準天頂衛星システム（QZSS）のように，地域の測位衛星システム（NSS）を開発することを選択しました．

　しかし，多くの政府や民間企業が独自のインフラを構築する意欲を持つために，宇宙における資産の急増が部分的な理由となって，現在の宇宙空間の利用は危険にさらされています．宇宙論では宇宙は無限と見なされるかもしれませんが，有用な地上応用のための軌道はわずかしかありません．特に，低軌道（80〜2000 km）と地球静止軌道は，運用中の衛星だけでなく，古いロケットブースター，機能停止した衛星，断片化したデブリなど，無数の人工のデブリにより，非常に混雑してきています．主としてラージ・コンステレーション計画による近年の宇宙交通の大幅な増加により，この既に暗い状況は制御不能になっています．宇宙空間の記述については，「混雑」と「競争」に，しばしば「紛争」という用語が加えられます．実際，近年，主として中国の能力の発展と，宇宙を戦闘領域と記述し続けるアメリカ政府の公式文書により，宇宙における緊張と敵意の増幅が見られます．また事実として，対宇宙兵器としても知られる宇宙システムの破壊を目的とする兵器の開発の加速が，研究によって明らかになっています[2]．対宇宙活動には，直接上昇型の衛星攻撃（地球から発射したミサイルで衛星を破壊する）や，共有軌道型の衛星攻撃（宇宙で直接「衛星キラー」を使用する）などの複雑で高コストな活動が含まれる一方で，テロ集団や大規模な犯罪組織の手が届く，手頃な価格でシンプルで効果的な能力が含まれます．これらには，サイバー攻撃とともに，衛星システムの破壊または無効化のためのレーザーやマイクロ波などの指向性エネルギー兵器の使用，電子戦の能力（例：電波妨害やなりすまし）が含まれます．

　宇宙の現状にとって憂いとなる 3 つの「C」（混雑，紛争，競争）は，多くの場合，安全，持続可能性，セキュリティの 3 つの「S」の反対になります．持続可能性は宇宙環境の長期的な保護に関するものですが，安全とセキュリティは宇宙運用の実行に直接関係しており，コインの裏表になります．安全はリスク（例：意図しない衝突や電磁干渉）の管理に焦点を当てますが，セキュリティは脅威の管理に関するものです．宇宙安全保障の専門家ジェームズ・クレイ・モルツは，宇宙安全保障（space security）を「外部の干渉，損傷，破壊なしに地球大気の外に資産を配置し，運用する能力」と定義しています[3]．したがって，潜在的な脅威を検知し宇宙インフラを保護する必要性が，宇宙安全保障の中核にあるのです．

　宇宙状況監視（SSA）は，以前の宇宙監視に相当し，宇宙での活動を監視する能力です．それは宇宙の安全・持続可能性およびセキュリティの両方に必要なすべてのデータを提供するものです．SSA は，民生（安全）の次元では，宇宙物体の位置と速

---

2)　Weeden and Samson（2020）; Harrison et al.（2020）.
3)　Moltz（2019）, p. 11.

度を特定し，将来の軌道を推定し，衝突のリスクを評価することなどから成ります．軍事（セキュリティ）の次元では，米国では宇宙領域監視と呼ばれますが，不審な宇宙機の能力を識別し，潜在的に悪質な意図を推測するなど，非常に複雑な作業を含んでいます．このようなデータを収集するために，世界中の軍事および民生の運用者は，地上と宇宙ベースの能力（例：レーダー，望遠鏡，無線受信機）の組み合わせに頼っています．最大かつ唯一のグローバルSSAネットワークは，信頼できる同盟国のネットワークと密接に相互接続された，米軍の宇宙監視ネットワークです．

　監視の後には，宇宙インフラの中断を防ぐ必要性が生じます．論争があり運用上不明確な，攻撃の防止を目的とした外交・軍事の教義（例：抑止，強要，信頼醸成）とは別に，ある特定の概念は，攻撃を阻止し，それらを効果のないものにする上で非常に効率的であることを示しました．それは，宇宙ミッション保証です．米軍が開発した宇宙ミッション保証は，3つのカテゴリーの措置で，宇宙インフラを保護することを提案しています[4]．1つ目の防御的運用は，宇宙インフラ自体とは別に，防御能力を設定することから成ります．2つ目の再構成は，敵対者によって無力化された可能性のあるシステムを迅速に置き換える能力に関するものです．最後に，抗堪性は，攻撃を維持することを可能とするもので，同じミッションを達成するために異なるプラットフォームを使用する（多様化），異なる衛星への機能の分離（分散），多数の同一の宇宙機の展開（拡散）など，インフラの内部の，設計上の全ての特性を対象とします．

　しかし，この全てに関して，日本はどうでしょうか？　1969年の排他的平和目的の国会決議に従って，宇宙空間の安全保障利用のほとんどを禁止した後，日本は徐々に実用的な立場に移行しました．1990年代の北朝鮮のミサイル，ノドンとテポドンの発射（テポドンショック）によってもたらされた脅威は，米国の弾道ミサイル防衛計画への参加と内閣官房への情報収集衛星プログラムの設置を通じて，宇宙空間の安全保障利用への国の参入を開始することで，日本政府が現実に適応することを余儀なくしました．しかし，日本の自衛隊が宇宙資産を保有・運用することが認められたのは，2008年の宇宙基本法の制定からでした．約10年の計画と戦略策定の後，2018年12月に内閣は，宇宙安全保障の検討に重要な位置づけを与える初の国防戦略である「平成31（2019）年度以降に係る防衛計画の大綱」および「中期防衛力整備計画（令和元〜令和5（2019〜2023）年度）」を発表しました．これらの文書は，防衛省と自衛隊に対し，他の施策と併せ，SSA能力の開発，宇宙作戦部隊の設置，JAXAや同盟国との協力強化を指示しています．これは一部の専門家が言う日本の宇宙活動の大規模な軍事化ではなく，日本の繁栄，安全，セキュリティに必要な民生および軍事活動の両方を含む，本格的な宇宙大国に向けた日本の正常化を示すものと筆者は考えます．

---

4)　White Paper（2015）.

文献

Harrison, T., et al.（2020）, 'Space Threat Assessment 2020', Center for Strategic and International Studies, March 2020. https://csis-prod.s3.amazonaws.com/s3fs-public/publication/200330_SpaceThreatAssessment20_WEB_FINAL1.pdf?6sNra8FsZ1LbdVj3xY867tUVu0RNHw9V（2021 年 2 月 25 日閲覧）

Moltz, J. C.（2019）*The Politics of Space Security : Strategic Restraint and the Pursuit of National Interests*, Third edition, Stanford University Press.

Schrogl, K.-U., et al., eds.（2015）*Handbook of Space Security*, Springer Reference.

Stares, P. B.（1985）*The Militarization of Space : U. S. Policy, 1945-1984*, Cornell Studies in Security Affairs, Cornell University Press.

Weeden, B. and Samson, V.（2020）'Global Counterspace Capabilities : An Open Source Assessment 2020', Secure World Foundation, April 2020. https://swfound.org/media/206955/swf_global_counterspace_april2020.pdf（2021 年 2 月 25 日閲覧）

White Paper（2015）'Space Domain Mission Assurance : A Resilience Taxonomy', Office of the Assistant Secretary of Defense for Homeland Defense & Global Security, Department of Defense, September 2015. https://fas.org/man/eprint/resilience.pdf.（2021 年 2 月 25 日閲覧）

（ヴェルスピレン　カンタン／菊地耕一訳）

議論その4　宇宙ゴミ（スペースデブリ）

「宇宙ゴミを除去するために積極的な対策をとる必要があると思いますか」という問いを設定し，賛成／反対の対論軸で議論を進めました[1]．賛成派の対論者を伊勢田哲治さん（京都大学，哲学・倫理学），反対派の対論者を磯部洋明さん（京都市立芸術大学，宇宙物理学）にお願いしました（図 II-7）．

ファシリテーターからの情報提供

宇宙ゴミ（英語のままで「スペースデブリ」とも呼ばれます）とは，地球の周りを漂っているゴミのことです．使用済み，あるいは故障した人工衛星や，人工衛星を飛ばすためのロケットの上段，ミッション遂行中に放出された部品等が宇宙ゴミの正体です．

宇宙ゴミは静止軌道にあるゴミと，低軌道にあるゴミに分けられます．静止軌道は高度 36,000 km 付近にあります．衛星の公転周期と地球の自転周期が同期する特異な軌道で，その軌道上にはたくさんの人工衛星が置かれています．機能停止した人工衛星はそのまま宇宙ゴミとなり，静止軌道上に留まり続けます．一方，低軌道は高度が約 100 km から 2,000 km 付近にあります．宇宙ゴミの大半は 700 km 以上の低軌道を周回してい

図 II-7　当日の様子．中央の 2 名が対論者，その周りを参加者が囲んでいます．

1) 本章のもととなったのは，2019 年 8 月 30 日に開催した対論型サイエンスカフェ「宇宙ゴミ問題，どうする？」の議論です．会場は京都リサーチパークのオープンスペース「たまり場」です．京都リサーチパークは，京都府の産業の研究開発，ベンチャービジネス支援を目的とする施設です．https://www.krp.co.jp/tamari-ba/（2021 年 3 月 29 日閲覧）．17 名の方にご参加いただきました．

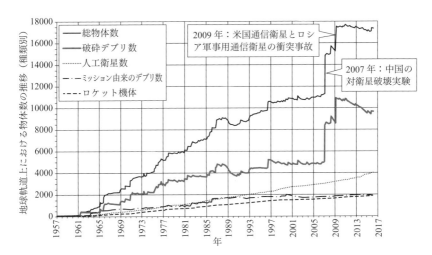

図 II-8　宇宙ゴミ（追跡されているもの）の増加の様子（10 cm 以上のもの，横軸が年，縦軸が個数）（JAXA 2017 から引用）．宇宙ゴミの数は増加傾向にあります．

ます．低軌道上のゴミは空気抵抗によって次第に高度が下がり，最終的には大気圏に突入して燃え尽きます．

　現在使われている人工衛星や国際宇宙ステーション（ISS）等は，そのほとんどが低軌道に置かれています．一定以上の大きさの宇宙ゴミが人工衛星やISS に衝突すると，人工衛星が故障あるいは破壊されてしまったり，ISS の場合は宇宙飛行士に危険が及んだりするなど，甚大な被害になると考えられています．

　現在，宇宙空間には 10 cm 以上の宇宙ゴミが 34,000 個，1 cm 以上のものが90 万個以上存在すると推定されています（ESA n. d.）．図 II-8 にあるように宇宙ゴミの数は年々増加しています．ロケットの打ち上げの数が増えるにつれて，宇宙ゴミの数も増えています．特に 2007 年には中国による意図的な対衛星破壊実験，2009 年には米国とロシアの人工衛星の偶発的な衝突事故がありました（JAXA 2017）．これによって，宇宙ゴミの数は一気に急増しました[2]．

2）2021 年 11 月にもロシアが対衛星破壊実験を行い，大量の宇宙ゴミが発生しました．

> 考えてみよう（1回目）：宇宙ゴミを除去するために積極的な対策をとる
> 必要があると思いますか？　賛成／反対の軸上で，あなたの意見はどの
> あたりに位置しますか？

対論者の主張

賛成派（伊勢田）：宇宙ゴミを除去するために積極的な対策をとる必要がある

　現在，宇宙ゴミは増え続けています．宇宙ゴミは様々な問題を生む可能性があります．まず，落下の可能性です．1m以上の大きな宇宙ゴミは地上に落下して被害を与える可能性があります．次に衝突の可能性があります．10cm程度の大きさの宇宙ゴミであっても，人工衛星との相対速度が大きいため，両者が衝突すると大きな損害を与える可能性があります．特に，近年増えている小型衛星にとっては脅威です．人工衛星が破壊されれば宇宙ゴミとなり，さらに他の人工衛星を破壊するおそれがあります．これは，ケスラーシンドロームと呼ばれる現象です．地上から観測できない小さな宇宙ゴミだからといって無視できるというわけにはいきません．場所ふさぎの危険もあります．静止軌道上で宇宙ゴミ化した静止衛星は，別の軌道に移動させないと貴重な静止軌道を占拠しつづけてしまいます．

　IADC（国際機関間スペースデブリ調整委員会）という国際機関が中心となって，宇宙ゴミ対策に関する国際的なガイドラインが作られています（IADC 2020）．しかし，基本的には各国の自主性に任せられています．また，対策の内容も宇宙ゴミの発生の低減が主で，すでに発生してしまった宇宙ゴミについては責任の明確化すらなされていない状態です．

　これまで，私たちは地球上でゴミ問題に関して色々な経験を積んできました．これを宇宙ゴミ問題に生かすことはできないでしょうか．環境経済学者デイリーが「持続可能性」の基準として「廃棄物は環境による浄化能力を超えるペースで排出しない」という考え方を提唱しました（加藤編 2005）．これを宇宙ゴミにあてはめるなら，大気圏突入などで減少するペースを超えて宇宙ゴミを生んではいけないはずです．環境対策における汚染者負担原則

（polluter-pays principle）という考え方もあります．これは 1972 年の OECD 勧告の中で導入された概念で，もともとは汚染を事前に防止する費用の負担を汚染の排出者にもとめるものでしたが，日本の公害対策の法制化の中で，環境の復元や被害者救済の費用もまた環境を汚染した者が負担すべきという方向で発展しました（大塚 2020，第三章）．宇宙ゴミにあてはめるなら，宇宙ゴミの除去は，その宇宙ゴミを発生させたものが責任を持って費用を負担すべきとなります．現状では宇宙ゴミの除去の有効な方法はありません．ただし，技術開発への投資や損害が生じたときの補償などの形で責任をとることは現在でも可能です．環境汚染は放置しておくと回復のしようがなくなります．宇宙ゴミの害が深刻化してから対策するのでは手遅れです．汚染者負担原則を参考にしつつ早急に責任の明確化をはかる必要があります．

反対派（磯部）：宇宙ゴミを除去するために積極的な対策をとる必要はない

　宇宙ゴミに対する対策のうち，すでに実現している対策があります．実現している 1 つ目の対策は監視・回避・防護です．これらはすでにかなりの程度実現しています．軌道上にある 10 cm 以上の大きな宇宙ゴミは地上から監視されています．宇宙ゴミが宇宙機（人工衛星や宇宙ステーションなど）に近づくと，推進装置を利用してそれを回避することができます．また小さな宇宙ゴミについては，宇宙機を丈夫に設計しておくことで衝突の被害を抑えることができます．

　2 つ目の対策は排出管理です．すなわち，これ以上宇宙ゴミを出さないようにするということです．これもすでに一部実現しています．具体的には，打ち上げる際には打ち上げや運用中に宇宙ゴミが発生しないような設計をする他，役割を終えた人工衛星が宇宙ゴミ化する前に軌道を変更し，低軌道の場合は大気圏に再突入，静止軌道の場合はそれより外側の利用価値の小さい軌道へ移動させることで可能になります．

　これに対してまだ実現していない 3 つ目の対策が，宇宙ゴミの能動的除去です．宇宙ゴミを除去するための宇宙機を打ち上げ，ロボットアームやテザー[3]などを使って既存の宇宙ゴミを除去するというものです．現在，世界中の研究機関や企業が研究開発中です．

　私は，宇宙ゴミの能動的除去に対して消極的です．宇宙ゴミは放っておいても衝突により増加します．ただし低軌道の宇宙ゴミは希薄な大気の抵抗で徐々に軌道を変え，能動的に除去しなくてもいずれ自然に大気圏に再突入します．また，宇宙ゴミの増加の速度は一般にイメージされているほど速くはありません．適切な排出管理さえすれば，200年かけてもその数は倍にもならないと予測されています（Liou 2011）．宇宙開発はものすごい速さで進んでいます．そもそも初めて人工衛星を打ち上げてからまだ半世紀ほどしか経っていません．200年後には今よりも宇宙開発が進んでいる可能性があります．宇宙ゴミ除去の研究開発には莫大な予算がかかります．宇宙ゴミを除去するよりも排出抑制の方がよほど重要です．現在，宇宙ゴミを除去する研究開発が世界中で進んでいますが，喫緊の課題ではないと言えます．

考えてみよう（2回目）：宇宙ゴミを除去するために積極的な対策をとる必要があると思いますか？　賛成／反対の軸上で，あなたの意見はどのあたりに位置しますか？

参加者全員での議論①

参加者1：宇宙ゴミを除去することと，宇宙ゴミの排出を抑制することが対立する概念とは思っていませんでした．排出抑制は，たとえば今の海洋汚染みたいなもので，本来前提としてあるべきものだと思っていました．ですから，「排出抑制しなくてもいい」という考え方と「排出抑制しなければいけない」という考え方の両方があるという今の議論の前提が気になりました．排出を抑制する，つまりゴミを出さないということが基本的な前提としてあった上で，宇宙ゴミがここまで増えてきたということに対する対策は取るべきではないか，というのが私の個人的な考え方です．もう1つ，危険性を考えて宇宙ゴミを除去する必要があるということと同時に，中国の対衛星破壊実験でも宇宙ゴミが出たわけですよね．そういうことも含めて，今後，宇宙ゴ

---

3) テザーとは，実験のために人工衛星から展開されるひも状の物体のことです．

郵 便 は が き

4 6 4 - 8 7 9 0

092

料金受取人払郵便

千種局承認

5102

差出有効期限
2023年 11月
30日まで

名古屋市千種区不老町名古屋大学構内

一般財団法人
名古屋大学出版会 行

|ılılı⊪III||ılıı⊪III⊪∙ı∙∙∥⊪ılılıılılılılılılılılılılllı|

読者カード

本書をお買い上げくださりまことにありがとうございます。
このはがきをお返しいただいた方には図書目録を無料でお送りいたします。

(フリガナ)
お名前

〒

ご住所

電話番号

メールアドレス
メールアドレスをご記入いただいた方には、小会メールマガジンをお届けします（月1回）

購入された 本のタイトル			

勤務先または 在学学校名		年齢	歳

関心のある分野	所属学会等

ご購入のきっかけ（複数回答可）
A 店頭で
B 新聞・雑誌広告（　　　　　　　　）
C 図書目録
D 書評（　　　　　　　　）
E 人にすすめられた

F 教科書・参考書
G 小会ウェブサイト
H 小会メールマガジン
I SNS（　　　　　　　　）
J チラシ
K その他（　　　　　　　　）

購入された 書店名		都道 府県	市区 町村

本書ならびに小会の刊行図書に関するご意見・ご感想
　小会の広告等で匿名にして紹介させていただく場合がございます。あらかじめご了承ください。

ご注文書

代金引換サービス便にてお届けしますので、お受け取りの際に代金をお支払いください。
定価（本体価格＋税）と手数料 300 円を別途頂戴します。手数料は何冊でも 300 円です。

書名	冊数

全国の書店、生協書籍部、ネット書店でもご注文いただけます

ミの爆発的な増加状態がありうるという前提に立てば，宇宙ゴミの除去技術は確立しておく必要がある．たとえば，実験的にでも宇宙ゴミを除去する技術が成功するかどうかの試験はやっておく必要があると思います．

参加者 2：私は反対でも賛成でもないんですが，宇宙ゴミの問題は地球温暖化の話に似ているなあと思いました．欧米や中国は，宇宙先進国ですよね．それに対して，宇宙発展途上国，そういう言葉はないとは思うんですけれども，そういう国があるとします．規制などを設けると，これから人工衛星とかロケットを打ち上げようとする宇宙発展途上国を宇宙先進国が押さえつけるということにはなりませんか．ケスラーシンドロームのような宇宙がゴミだらけになるというようなことが実際には起こらなくても，起こるような空気を醸成して，企業なのか国なのか知りませんけれども，ゴミを回収する技術を高い金額で売りつけようとしているんじゃないかなという気もしてきました．私は最初は賛成の立場でした．でも，地球温暖化の話で考えてみると，今まで二酸化炭素（CO_2）をがんがん出していた国が，さあ温暖化になるからお前ら CO_2 を出すなと，CO_2 を出さないこんな良い装置があるから買えよというような，そういうのに非常に似たような空気を感じて，中立の立場に変わりました．

参加者 3：私は当初から反対の立場です．今の時点で，宇宙で宇宙ゴミ等が発生して損害が発生した場合に，民間企業等で宇宙ゴミを全部回収する，そういうことは金額的にも不可能なのではないかなと思います．今の宇宙法でも，打ち上げた人工衛星やロケットを登録している国が責任を負担することになると思うので，結局のところ，こういう新しい技術を作る，あるいは運用するということは，国がやることになると思います．そうすると，そういったとてもお金のかかることを実行することにコンセンサスが得られるのかなと思いました．それよりは，排出量を抑制する，つまり新たなお金がかからないもの，打ち上げる前にできる技術的な対策を取ったほうがいいと思いました．

磯部（対論者）：特に最初の発言者の方にちょっとコメントすると，もちろん私も宇宙ゴミを出さないようにすることが一番大事というのが前提であって，

その上で能動的に取り除くことは技術的困難やコストに比してあまり意味がないと主張したわけです．取り除くことはあまり意味がないと主張していることの理由の1つは，宇宙ゴミの除去技術の開発はされているわけですけれども，それはたとえば何千個ものたくさんの宇宙ゴミを一度に処理するという技術では実はないんです．今検討されている技術は，大きな人工衛星で，将来壊れたら大量の宇宙ゴミを出しそうなものを1個2個落とすといったものです．たとえば中国の対衛星破壊実験など，大量の宇宙ゴミが一気に発生する状況がもし起きてしまうと，現状考えているような技術では，そもそも対処できないんです．そうすると，宇宙ゴミは除去できるものだと思うよりも，とにかく出さないということが大事だというのが私の主張だったわけです．

伊勢田（対論者）：地球温暖化との比較については，それに触れている論文があります（伊勢田 2018）．地球温暖化の問題で，発展途上国側からどういう議論が出ているかといえば，技術移転をしてくださいというものがあります．温暖化を減らす技術が先進国にあるんだから，排出制限をせよというならちゃんとその技術も発展途上国に移転した上で排出制限を求めてください，という議論です．このような議論は今後宇宙ゴミに関しても出てくると思います．多分，これまで地球温暖化で起きてきた議論と並行的な議論の流れになるものと思います．おっしゃるとおり，そういうことがなしに，これまで汚し放題やってきた国が，これから使う国に対して一方的に指導をかけるということは，回避する必要がある．また，汚染者負担の原則を徹底することについても，実際地球温暖化の問題ではこの考え方が応用されて，CO_2 を過去に排出してきた先進国により大きな責任を求める形になっています（パリ協定では若干先進国と発展途上国の非対称性が緩和されましたが，まだ先進国に大きめの負担を求める形になっています）．地球温暖化の問題で議論できていることが，宇宙ゴミに対してできないということはないだろうと思うわけです．地球温暖化を阻止することは当然とても大変なわけですけれども，その結果の重大性を考えてもらえればと思います．もちろん現段階で，非常に先が見えない問題です．でも，それは投資しない理由にならないし，じゃあ何

かこれまで存在しなかった新しい技術が何かないのかと考えて，開発してい
く必要があると思います．同じことが宇宙ゴミの問題にもあてはまるでしょ
う．

グループでの議論②

グループ 1：もちろん宇宙ゴミの問題は大変深刻であるということは私もよく
　分かりますし，これを除去するための努力というのが大変大事だということ
　は分かるんです．ただ，今この地球上で問題になっている，科学技術が進行
　したための負の遺産というのは宇宙ゴミだけではなくて，他にもたくさんあ
　るわけです．地球温暖化の問題，それからマイクロプラスチックの問題，そ
　れから森林破壊の問題，いろいろ深刻な問題がたくさんあるわけです．そう
　いう問題を減らしていくことが，人類のこれからの生き残りにとって大変大
　事だとすれば，やはりそういうものの中である程度優先順位をつけて，その
　順番でとにかく一生懸命やることが大切なのではないでしょうか．地球温暖
　化の問題なんかは，ここのところの集中豪雨など，もう待ったなしの問題に
　なっているわけです．マイクロプラスチックの問題だって，海洋汚染が本当
　に深刻な状況ですし，ブラジルの森林破壊の問題も，このまま放っておいた
　らブラジルの国がつぶれるぐらいの状況にあるわけです．そういうものに対
　して何とか対策を講じていかないといけないという，そういう状況の中で，
　ある程度重みを付けて，それに対してその対抗策を考えていかないといけな
　い．人類の資産というのはそんなに十分にあるわけではないですから．そう
　いう意味で，宇宙ゴミの対策は大事だけれども，それよりももっと深刻な問
　題があるんじゃないかと思います．

磯部（対論者）：とても大事なことを言っていただきました．というのは，宇
　宙業界の中で優先度というときは，たとえば，宇宙ゴミの対策と他の宇宙事
　業，他の人工衛星計画などの中の優先度を議論することを意味します．今
　おっしゃっていただいたのは，地球温暖化とかマイクロプラスチックとか，
　人類が抱えている他の問題の中での優先度をちゃんと考えなさいという，そ
　ういう視点をいただいたような気がします．

グループ 2：人類全体の平和みたいな，すごくいい意見が出たところで，邪悪な意見で申し訳ないです．これから時間が 10 年，20 年あるいは 50 年，100 年たったときに，技術が少し革新して進歩していくことを考えると，今は人工衛星を打ち上げるというのは，大きな企業や国家にしかできないですけれども，それが小さい会社や団体，個人ができるようになったときに，ちょっと悪いことを考える人が，たとえば自分で人工衛星をつくって打ち上げて人工衛星を壊しちゃうとか，そういうことを考える人がもし現れたら，それを防ぐとか，あるいはそれをやられてしまったときの対策というのは必要なのかもしれないと思いました．先ほど，とりあえず排出を抑えていれば，宇宙ゴミはこのぐらいの増え方で済むというお話がありましたけれども，あれはみんながいい子にしていたらという話ですよね．悪い人が出てきたら，たぶんそれでは済まない増え方をしてしまうんじゃないかというのがリスクとしても考えられる．もちろん宇宙ゴミの排出をあらかじめ抑制していこうというのは大事なんですけれども，悪い人が出てきたときの対策を考える必要があるという議論になりました．悪い人が悪いことをするときのことを考えてみます．たとえば最初からミサイルを人工衛星に当ててやろうと思う人がいても，警察とかの情報によって，あらかじめ抑えることはできるかもしれない．でも本当に悪いことをしようとしたときに，まずはいい目的で人工衛星を 2 つ打ち上げますといって打ち上げておいて，後からこっそりその衛星同士をぶつけるみたいなことをすれば，結構ずるができてしまう．ばれないように宇宙ゴミを増やすことができてしまうのではないのかと思うんです．ですから，やっぱりある程度の対策は考えておかないといけないと思います．

　もう 1 つの意見としては，逆に民間レベル，個人レベルで掃除屋さん，宇宙スイーパーみたいものが出てくることもあるんじゃないかと思うんです．たとえば，宇宙ゴミを排出した国や企業が回収の費用を負担しましょうという考え方とは別に，俺はお金もいっぱいあるし掃除したいからするんだというそういう人が出てくるかもしれません．その人の名声を高めたり，事業になったりするという可能性もあります．

グループ 3：現状を考えても，人工衛星というのは有人宇宙開発に比べればコ

ストも安いですし，今もキューブサット[4]とか実験開発が進んでいるということを考えたら，これから宇宙開発に参画する国がどんどん増えてきますよね．人工衛星や打ち上げの数は増えてくると思います．そうなったときに，本当に毎年5機除去するだけで，宇宙ゴミの数が増えないかというと，そうではないというふうに思いました．排出管理をきちんとすればよいという話がありましたけれども，人工衛星を打ち上げたら多分できるだけ長い間飛ばしておきたいと開発者の方は思うのではないでしょうか．排出管理がどれだけ現実的かということも考えなくてはいけないのかなと思いました．

　他の意見として，宇宙と地上の一番の違いは，重力と大気があるかどうかの2つではないかというのがありました．宇宙ゴミの対策技術は，地上への応用，地上への還元ができるんじゃないかと思うんです．たとえば海洋汚染など地上の環境に対する問題解決にはつながるんじゃないでしょうか．あと，問いの設定に対する議論も結構ありました．積極的と消極的の間の立場や，時間軸というものも考えなきゃいけない．研究が絶対必要だという意見もありました．

参加者全員での議論③

参加者4：ついこの間，ベンチャー企業が何か始めたと聞きました．スマホで調べてみるとアストロスケール社というベンチャー企業がデブリを回収する事業を始めたようです．ハエ取り紙式，つまり粘着剤で宇宙ゴミを捕捉する人工衛星をつくりましたと書いてあります．「捕捉衛星を作りました．何十社もの日本の中小企業の技術力を結集させましたが，肝になる粘着剤も国内の企業と共同で開発したオリジナルです」というふうにありますから，既にできているようですが，宇宙に上げてゴミを回収したりはまだしていないみたいですね．

磯部（対論者）：まだ実際に宇宙ゴミを回収するところまではできていないですね．アストロスケール社は実は日本の方が立ち上げた企業ですけれども，

4）キューブサットとは，数キログラム程度の小型人工衛星のことです．

世界でいくつか民間企業で宇宙ゴミ回収をやるという会社ができていて，ある程度資金集めに成功しているようです．ただし，回収ができるようになった時にどういうビジネスモデルで儲けるのかということははっきりしていません．大事なことだから誰かがお金を出すだろうと見込んで技術開発をしているという段階です．

参加者5：そこがすごく大事なところだと思うんです．まず会社を作ったら，どう回収して元を取るかというのが．今出ている情報の中では，日本の某企業がバックアップしているらしいのですが，よくわからず，そういった情報は欲しいなと思います．具体的にどこまで進んでいるのか，実際に何をどういうタイムスケジュールで，実際にどういう作業をしようとして，その背後にはどういう資本があって，どう回収しようとしているか，その辺が知りたいところです．軍需産業とは違うと思いますけれども，1つ間違うと怪しい産業になる可能性というのはあると思います．今議論されていることの基本は，人類が抱えている問題のトリアージだと思うんです．さっきお話があったみたいに優先順位，何が最も人類が生き残るために最優先かということ．そこにおいては，この実際につくっているベンチャー企業が何をやっているかというのが，すごく気になるところです．

> 考えてみよう（3回目）：宇宙ゴミを除去するために積極的な対策をとる必要があると思いますか？ 賛成／反対の軸上で，あなたの意見はどのあたりに位置しますか？

対論者のコメント

磯部（対論者）：今日の私の対論者としての役割は反対派でしたけれども，実際はよくわからないなと思っています．というのは，私も宇宙ゴミのことをちゃんと勉強する前は，大問題だから能動的除去もやらなくてはいけないだろうなと思ってたんですけれど，知れば知るほどそう簡単ではないなと思うようになってきました，さきほど悪意がある人が出てきたらどうしようもないという意見が出てきましたが，現状行われている技術開発は，本当にそう

いう人が出てきて宇宙ゴミが出まくるような状況に対処できるようなもので
はないわけです．大きい人工衛星を1個，2個，3個除去するというのだけ
が開発されている．何万個のレベルで宇宙ゴミが出てしまっても，まとめて
回収ができるような技術があったら良いと思いますけれども，それは今の開
発の延長線上というより，ずっと先の話に近いのかなとも思うわけです．積
極的な対策を取る必要はないという主張は，一見無責任な主張に思えるけれ
ども，技術開発すれば問題は解消するという主張のほうが，意外と無責任さ
もあるのかなあということを思うようになってきました．

伊勢田（対論者）：私もまだ宇宙ゴミの問題を研究し始めて4，5年です．研究
　　を始めたときに，JAXAにお話を伺いに行きました．今日，本当にいろんな
　　視点でお話を伺って，随分視野が広がった気がしました．業界の中のロジッ
　　クで宇宙ゴミの問題を考えたときよりも，何というか，問題の広がりだとか，
　　状況設定の視点などが，だいぶ違うなと思いました．

参加者の意見変化

　参加者には，3回の意見表明をしてもらいました．1回目はファシリテー
ターからの情報提供を終えたあとです．2回目は対論者の主張を聞いたあと，
3回目はすべての議論を終えたあとです．3回すべてに参加した16名の立場を
図II-9に示しました．

　1回目では，賛成派（中央から右）が多数でした（賛成派が10名，反対派（中
央から左）が3名，中立派（ちょうど中央）が3名）．2回目では反対派と中立派
が増えました（賛成派が6名，反対派が5名，中立派が5名）．3回目では，ふた
たび賛成派が増えました（賛成派が8名，反対派が3名，中立派が5名）．

　意見が変わった理由は何だったのでしょうか．アンケートで聞いたところ，
1つの理由として，多様な視点を知ったことがありました（回答例：「いろいろ
な視点があることを知り，包括的に考えることができたから．」，「最初は反対する理
由がよくわからず，漠然と賛成していました．反対の先生の話を聞き，反対に釣ら
れましたが，基礎研究はやっぱり必要だよねーと思って，最終的にまん中に．」）．

　まったく立場が変わらなかった参加者も16名中7名いました．意見が変わ

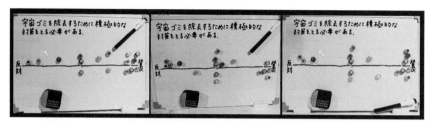

図 II-9　参加者の意見変化の様子．左から1回目，2回目，3回目．

らなかった理由を同じように聞きました．新しい視点が得られなかったから
（「仕事の立場上，デブリ除去事業の実現性について考えており，多少の情報や議論
の範囲では，あまり新規に考え直すことができなかったため.」），想像がつかなかっ
たから（「宇宙の知識があまりないので，地球に対する影響が想像つかなかった.」），
意見が揺れているから（「当然除去という考えで来たのですが，反対のお考えを伺
い，自分の答えを出せなくなりました.」，「どちらの先生の言い分もよくわかりまし
た．ゆれています.」），自分の意見があるから（「自分の意見を貫くようにした.」，
「自分の意見を，もともと固めていたため.」）という声がありました．

考えてみよう：最終的にあなたの立場に変化はありましたか？

コラム　宇宙環境問題

　1966年に採択された宇宙条約の第9条では，「条約の当事国は，月その他の天体を含む宇宙空間の有害な汚染，及び地球外物質の導入から生ずる地球環境の悪化を避けるように月その他の天体を含む宇宙空間の研究及び探査を実施，かつ，必要な場合には，このための適当な措置を執るものとする。」[1]とされています．ここには宇宙進出に伴う環境問題への関心が表わされています．

　上の引用にもあるように，人類の宇宙進出により影響を受ける宇宙環境には，惑星などの天体と宇宙空間とがあります．現時点で人類にとって最も重要な宇宙空間は，宇宙進出の際の通路となる地球周辺の空間でしょう．ここではデブリが深刻な問題と化しており，宇宙進出そのものの持続可能性を既に脅かしています．それに対して，地球周辺以外の宇宙空間については，人類が生じさせうる汚染の量に対して圧倒的な広さがあるので問題にならないという希釈の論理が成り立つかもしれません．

　月や小惑星などの天体に関して懸念されている環境問題には，資源採掘や人類の活動拠点の設置などを目的とした環境改変，「微生物や生命関連物質による汚染」（藤田2019，1頁）[2]などがあります．後者は「惑星保護（planetary protection）」と呼ばれる問題です．惑星保護とは何かについては，地球上での外来生物問題と類比的に理解すればいいでしょう[3]．どちらも人間の移動が活発になるに伴って生じると考えられる問題です．

　惑星保護への関心は宇宙開発の初期からあるものです．冒頭で引用した宇宙条約に先立つ1958年に国際学術連合会議（ICSU）が天体汚染に関する特別委員会を開き，「惑星保護方針（planetary protection policy）」が制定されています．この惑星保護方針はICSUが同年に設立した国際宇宙空間研究委員会（COSPAR）に引き継がれました．惑星保護要求が適用された最初の例は1961年のレインジャー・ミッション（米）で，それ以降の惑星ミッションは程度の差はあっても，すべて惑星保護対策を実施する必要があるとされています（JAXA 2019，1頁）．COSPARは現在も惑星保護方針を保持しています．

　JAXAもプロジェクトを推進するにあたってCOSPARの惑星保護方針に準拠し，COSPAR惑星保護パネルでの国際的な合意形成を行ってきた上で，実施してきました．

---

1)　https://www.jaxa.jp/library/space_law/chapter_1/1-2-2-5_j.html（2021年8月19日閲覧）
2)　この藤田（2019）は簡潔かつ有用な資料で，本コラムの執筆にあたっても多くの箇所で参考にしています．本コラムでは触れていない惑星保護方針における保護のカテゴリー区分などについても詳しく説明されているので，ぜひ目を通してみてください．
3)　たとえば南極域への外来種持ち込み防止対策（辻本・伊村 2012）と，惑星保護において要求されている対策を見比べてみてください．対象地域に持ち込む機材などをいかにクリーンに保つか（ESA 2019），などの共通点があります．

それに加えて，今後も惑星保護を必要とするプロジェクトを実施する可能性があることなどから，「惑星等保護プログラム標準」（JAXA 2019）を制定するなどしています．

　惑星保護が対処すべき，人間の活動による生命関連物質等の「持ち込み」は二方向で生じる可能性があります．つまり，探査や開発の際に地球から対象となる天体に微生物や生命関連物質を持ち込んでしまう場合（「前方 forward 汚染」）と，対象天体から帰還する際に地球外生命等を持ち込んでしまう場合（「後方 backward 汚染」）とがあります．前者は天体本来の環境を乱してしまうという問題であり，将来的な科学調査を阻害する可能性（惑星保護の科学的理由）や，対象天体に生命や生態系が存在していた場合にそれらに影響を与えてしまう可能性（環境倫理的理由）が懸念されています．それに対して後者では，人間を含む地球の生態系への致命的な影響の可能性（生態学的理由）が保護の根拠になると考えられます．

　具体的な保護は対象天体とミッションの形態によってカテゴリー分けされ，カテゴリー毎に要求が規定されています．詳しいカテゴリー区分については，このコラムのここまでで言及した 2 つの文献（藤田 2019，JAXA 2019）などを参照してください．

　カテゴリー毎の要求については，ここではすべての地球帰還ミッションに対する要求（JAXA 2019，7 頁）にのみ触れたいと思います．「科学的意見により，天体由来の生命体が存在しないと考えられる太陽系天体」以外，すなわち生命体が存在する可能性を科学的意見が否定していない太陽系天体に関して，「制約付き地球帰還」が定義され，そこでは帰還したハードウェアやサンプルに対する滅菌処理や封じ込めが要求されています．

　特に天体に関する宇宙環境としては，その天体の固有の環境を保全する惑星保護の取り組みが重要となっていることを見てきました．地球上の生態系や生物多様性を保全すべき理由と同様に，惑星保護も科学的理由，倫理的理由，生態学的理由など，多様な理由から重要と考えられているのです．

文献

ESA（2019）Planetary Protection. https://exploration.esa.int/web/mars/-/57581-planetary-protection（2021 年 8 月 19 日閲覧）

辻本惠／伊村智（2012）「オーストラリア南極局における外来種持ち込み防止対策」，『南極資料』57（1），137〜150 頁．https://nipr.repo.nii.ac.jp/?action=repository_uri&item_id=9684&file_id=18&file_no=1（2021 年 8 月 19 日閲覧）

藤田和央（2019）「宇宙探査と惑星保護」，『ISAS ニュース』463，1〜3 頁．https://www.isas.jaxa.jp/outreach/isas_news/files/ISASnews463.pdf（2021 年 8 月 19 日閲覧）

JAXA（2019）惑星等保護プログラム標準．https://sma.jaxa.jp/TechDoc/Docs/JAXA-JMR-014.pdf（2021 年 8 月 20 日閲覧）

（神崎宣次）

ファシリテーターからのふりかえり

　4 つの議論の流れを見てきました.

　テーマによらずに見られる参加者の傾向として,議論をはじめるときに,言葉の定義を確認したい,条件をより限定的にしたい,前提条件を整理したいといった発言がありました.逆に議論するための前提をもっと詳しく説明してほしい(それがないと考えられない)といった発言もありました.このように議論を通して前提そのものを考え直したり,様々な対立軸が登場したりすることは,主催者の狙いでもありました.

　他の例での言い換えや,そのたとえの妥当性を確認する発言も多く見られました.初めて知ることについてはいくら情報をインプットしたとしても,その内容を短時間でかみ砕いて理解することは簡単ではありません.自分がよく知っているもので言い換えることで,より具体的に議論を深めようとする姿勢がみられました.自分の立場を明示したうえでの発言も多くありました.意見可視化ツールをつかって意見表明をすることで,自然と自分の立場を意識しやすい状況になっていたのかもしれません.

　一方で,参加者の対立軸のとらえ方には違いがありました.たとえば,有人月探査とロマンの回のように対立軸がわかりやすい場合もあれば,宇宙ゴミの回のようにそもそも対立軸が成り立つと考えない人がいる場合もあります.後者の場合は,情報をインプットして理解するだけでも時間が必要になります.知識を含め議論の前提をすり合わせる過程に時間を割くことで,プレーンな状態から対立軸を考えることができます.テーマによっては参加者の中ですでに意見が決まってしまっていることもあるでしょう.この場合も様々な観点,あるいは議論の軸が他の参加者より提案されることにより,それまで気づかなかった角度から自分の意見を再検討することができそうです.宇宙開発に関する話題については,議論に慣れている参加者が少なくない場合もあり,前提知識がある場合はすでに意見を持っていることも多く,意見変遷が少ない可能性があります.

文献

伊勢田哲治（2018）「宇宙に拡大する環境問題——環境倫理問題としてのスペースデブリ」，伊勢田哲治／神崎宣次／呉羽真編『宇宙倫理学』所収，127〜142頁，昭和堂.

宇宙政策委員会（2018）宇宙政策委員会第84回会合資料1：米国提案による国際宇宙探査への日本の参画方針（案）．https://www8.cao.go.jp/space/comittee/dai84/siryou1.pdf（2021年3月29日閲覧）

大塚直（2020）『環境法〔第4版〕』有斐閣.

科学技術振興機構（2015）科学コミュニケーション案内．https://www.jst.go.jp/sis/archive/items/brochure_01.pdf（2021年3月29日閲覧）

加藤尚武編（2005）『新版　環境と倫理——自然と人間の共生をもとめて』有斐閣アルマ.

呉羽真（2019）「人が宇宙へ行く意味」，京都大学宇宙総合学研究ユニット編『シリーズ宇宙総合学3 人類はなぜ宇宙へ行くのか』所収，117〜136頁，朝倉書店.

小山宙哉（2008-）『宇宙兄弟』講談社.

玉澤春史／一方井祐子（2021）「宇宙政策を扱う対論型サイエンスカフェ」，『科学技術コミュニケーション』28，49-60頁.

玉澤春史（2022）「現代で「アーレントと宇宙科学」を考えるための宇宙開発概観」，『Arendt Platz』in prep.

内閣府（2021）宇宙政策委員会第92回会合資料1-1：内閣府説明資料．https://www8.cao.go.jp/space/comittee/dai92/siryou1_1.pdf（2021年3月29日閲覧）

日本学術会議（2017）軍事的安全保障研究に関する声明．http://www.scj.go.jp/ja/info/kohyo/pdf/kohyo-23-s243.pdf（2021年3月29日閲覧）

日本国語大辞典（n. d.）「対論」．https://gateway2.itc.u-tokyo.ac.jp（2021年3月29日閲覧）

日本天文学会（2019）天文学と安全保障の関わりに関する声明（2019年3月15日）．https://www.asj.or.jp/common/img/contents/activities/security/20190315_j_newfig.pdf（2021年3月31日閲覧）

平田オリザ（2012）『わかりあえないことから』講談社.

藤田智博／太郎丸博（2015）「宇宙開発世論の分析——イメージ，死亡事故後の対応，有人か無人か」，『京都社会学年報』23，1〜17頁.

ESA (n. d.) Space debris by the numbers. https://www.esa.int/Safety_Security/Space_Debris/Space_debris_by_the_numbers（2021年3月29日閲覧）

IADC（2020）IADC Space Debris Mitigation Guidelines, Revision 2. https://www.iadc-home.org/documents_public/index（2021年3月29日閲覧）

ISECG（2018）ISECG Global Exploration Roadmap（3rd edition）. https://www.globalspaceexploration.org/wordpress/wp-content/isecg/GER_2018_small_mobile.pdf（2021年3月29日閲覧）

JAXA（2017）デブリと宇宙機の衝突を防ぐ．http://www.jaxa.jp/projects/feature/debris/matsuura_j.html（2021年3月29日閲覧）

Liou, J.-C. (2011) 'An active debris removal parametric study for LEO environment remediation', *Advances in space research* 47（11）: 1865-1876.

Schwartz, J. S. J. (2016) 'Near-Earth water sources: Ethics and fairness', *Advances in Space Re-*

search 58（3）: 402‑407.

Schwartz, J. S. J. and Milligan, T.（2017）'Some Ethical Constraints on Near-Earth Resource Ex-
ploitation' in C. Al-Ekabi et al.（eds.）, *Yearbook on Space Policy 2015*, pp. 227‑239, Springer.

Scientific American 編集部（2015）「ビッグサイエンスの実規模」, 『日経サイエンス』2016 年
1 月号，94〜95 頁.

Weinberg, A. M.（1961）'Impact of Large-scale Science on the United States', *Science* 134（3473）:
161‑164.

（一方井祐子・玉澤春史）

第 III 部

宇宙開発の歴史と展望

はじめに

　第 II 部で取り上げた「現在」の問題をより深く考えるためには，歴史的背景を知ることが欠かせません．このパートでは，世界と日本の宇宙開発の歴史を振り返り，これからの宇宙開発の展望について考察します．

　日本の宇宙開発は，東京大学生産技術研究所の糸川英夫によるロケット発射実験から始まると言われます．

　ロケットの理論を考案したロシアのツィオルコフスキーは「宇宙飛行の父」と呼ばれます．液体燃料ロケットの発射実験を行った米国のゴダードは「近代ロケットの父」と呼ばれます．ソ連のコロリョフは世界初の人工衛星打ち上げを実現し，ドイツのフォン・ブラウンは第二次世界大戦後，米国に渡ってロケット開発に携わり，米国初の人工衛星打ち上げを実現しました．では，なぜ，ロケットが必要なのでしょうか．

　宇宙に行くことは簡単なことではありません．一般に地上から高度 100 km 以上が宇宙空間と言われます．高度 100 km に到達することも大変なことですが，しかしそれだけでは，地球の重力がかかってすぐに落ちてきてしまいます．

　高度 100 km に留まり続けるためには，地表と水平方向に秒速約 8 km という速度で飛行する必要があります．これにより，飛行する人や物にかかる重力と遠心力が釣り合うので，地表に落ちてくることなく，地球を回り続ける（＝周回軌道に乗る）ことができます．そして地球を回り続ける（＝自由落下し続ける）ことで，その人や物は無重量状態を続けることができます．地球の自転速度と同期する高度 36,000 km の静止衛星も，地表と水平方向に秒速約 3 km の速度で飛行しています．

　このような高速度にどうすれば到達できるのかというと，高度が上がるほど空気が薄くなり，空気抵抗が少なくなるため，大量の燃料を燃やし続けてロケットを加速すれば，実現可能です．かつ，高度 100 km 以上では空気がほとんどないので，一旦所定の速度に到達すれば，その人や物は慣性運動を続けることができます[1]．一方で，空気が薄くなるということは，燃料を燃やすため

の酸素も少なくなりますが，地表近く（高度 10 km 程度）を飛行する航空機の
ジェットエンジンが空中の酸素を取り込んで圧縮して燃料を燃やすのと異なり，
ロケットエンジンは機体に搭載した液体酸素などの酸化剤を使って燃料を燃や
すので，空気がなくても推進できます．ただし，大量の燃料と酸化剤を搭載する
ロケットは，機体も大きく，重くなるので，人工衛星を周回軌道に投入するロ
ケットは，一般に多段式にして，燃料や酸化剤を使い切った後のタンクなどの
不要部品を切り捨てて，重量を軽くしながら効率的に打ち上げる必要があるの
です[2]．

　ロケットの打ち上げは，爆発などのリスクがあり，高度な技術と多額の資金
を必要とするため，宇宙開発は世界的に国の事業として実施されてきました．
しかし，国民の税金から資金を拠出して，宇宙に行くだけでは，納税者は納得
しないでしょう．政府が資金を拠出する限り，宇宙に行くことは，納税者に恩
恵を与えるものであることが求められます．

　宇宙開発が地上の生活にもたらしてきた恩恵には，通信・放送，気象・地球
観測，測位，科学的知見があります．宇宙からの通信や放送は国境を超えた情
報のやりとりを実現し，地球の観測データは気候変動の研究や災害監視に役立
てられてきました．測位衛星が発信する衛星の位置と時刻の情報（そこから計
算で導かれる地上の位置情報）は地上の生活に必須となり，宇宙の観測や探査が
もたらす科学的な成果は，人類の知の拡大と深化に貢献してきました．

　では，人類の夢や希望，ロマンといったものは，宇宙開発が地上にもたらす
恩恵と言えるでしょうか．それは，第 II 部で提示されたテーマの 1 つでもあ
りますが，誰もが納得する答えは得られていません．

　1）実際には，高度 100 km ではまだ空気抵抗があり軌道を維持するのは困難です．国際宇
　　宙ステーション（ISS）が飛行する軌道（高度約 400 km）でもわずかに空気抵抗があり
　　ます．このため純粋な無重量状態にはならず，このような環境は微小重力環境と呼ばれ
　　ます．なお，サブオービタル宇宙旅行は，高度 100 km 以上に上昇後，エンジンを停止
　　して，数分間，自由落下中の無重量状態（微小重力環境）を作り出すもので，地球周回
　　軌道には乗りません．
　2）ロケットの基本的な原理については，的川（2013）を参照してください．

宇宙に行くことが簡単なことではないことが，多くのエンジニアの挑戦意欲を掻き立てることは確かでしょう．現在では民間企業も独自の宇宙開発を推進し，ビジネスとしての可能性を追求しています．そして宇宙という，地球上とは異なる未知の環境に行くことが，人類に新しい視座を与え，人々の世界観を変える力を持っているということは言えるでしょう[3]．

地上の人や物を宇宙に送り込むことは，難しく，リスクを伴います．それでも宇宙開発の挑戦をこれからも続けるとした場合に，宇宙開発に求められるものは何でしょうか．この点は，次の第 IV 部で議論されます．

1. 世界における宇宙開発の歴史

宇宙開発は古代からの人類の夢でした．その長年の夢の実現の端緒を開いたのは，全世界を恐怖のどん底に突き落とした第二次世界大戦中のナチス・ドイツです．現在のロケット技術の基礎は，このとき開発された V2 ロケットにあります．戦後，この技術を礎とし，米ソの 2 大宇宙強国が冷戦を背景として宇宙に踏み出し，人類の活動領域を拡大してきたのです．

しかし宇宙開発は，たしかに戦争および，強国による熾烈な競争の舞台でしたが，一方で国際協調の舞台としての大きな役割も果たしてきました．現在，運用されている国際宇宙ステーション（ISS）は，その最良の例です．

本章では，現在に至るまでの宇宙開発の歩みを，米国，ロシア（ソ連），ヨーロッパ地域，中国およびインドを取り上げて概観します．これらの国々は，第二次世界大戦終結後の早い時期から，他の国々に先んじて宇宙開発事業に取り組んできた歴史を持ち，人類の宇宙開発史を作り上げてきました．

なお，本章では有人宇宙開発を中心に述べ，無人探査についてはコラム「宇宙科学・探査」に譲ります．ただし，各国における重要な無人探査については

---

3) 人類の宇宙進出と新しい視座の獲得については，「宇宙の人間学」研究会（2015）の議論があります．

本章でも取り上げます.

米国
ドイツの遺産
　米国は, 第二次世界大戦終結後, ドイツにおいて科学技術面で重要な人材を募集し米国に移住させるペーパークリップ作戦を展開し, ヴェルナー・フォン・ブラウンらロケット開発に携わるグループが米国へ移りました[4]. フォン・ブラウンはアラバマ州のレッドストーンでロケット研究に従事し, 宇宙大国としての米国の基礎を構築しました.
　ソ連が人類初の人工衛星打ち上げに成功した 3 か月後の 1958 年 1 月, 米国初の人工衛星「エクスプローラー 1 号」がフロリダ州ケープカナベラルから打ち上げられました.
　1958 年 10 月 1 日, 宇宙開発を国家的に取りまとめるため, 米国航空宇宙局 (NASA) が設立されました. 米国各地に点在していた宇宙開発にかかわる組織が順次 NASA の傘下に入っていきましたが, その中には, レッドストーンの陸軍弾道ミサイル局ロケット部門も含まれており, ナチス政権下で宇宙開発のキャリアを開花させたフォン・ブラウンを通じて, 「ドイツの遺産」は米国へ受け継がれました. これ以後, 非軍事部門の宇宙開発については NASA が実施し, 軍事部門は国防総省が担うことになっています (佐藤 2014, 7 頁).
　さて, NASA を設立したアイゼンハワー大統領が次に目指したのは, 米国人を宇宙に送り出すことでした. それが「マーキュリー計画」です.
マーキュリー計画とアポロ計画
　1958 年 10 月, マーキュリー計画が始動しました. 1959 年には米国人初の宇宙飛行士が選抜され, 1961 年 5 月にアラン・シェパードが米国初の弾道飛行に成功しました. ただし, 同年前月に人類初の宇宙飛行を成功させたソ連のガガーリンが約 89 分間の無重力飛行を行ったのに対し, シェパードの無重力飛

---

4) 以下, 本項の米国の宇宙開発に関する記述は, 主に佐藤 (2014) とローニアス (2020) に依拠しています.

行は 5 分間でした（ローニアス 2020, 119 頁）. 翌 1962 年 2 月，ジョン・グレンが「フレンドシップ 7」で地球を 3 周することに成功し，大きく宇宙滞在時間を延ばすことに成功しました.

　こうした中，1961 年 5 月には，ケネディ大統領が 10 年以内に人類を月へ送るという計画を発表しており，「アポロ計画」への準備は着々と進んでいました. その前段階として，NASA は 2 人乗り宇宙船「ジェミニ」を開発し，アポロ計画への下地を作り上げました.

　1967 年 1 月，「アポロ 1 号」搭乗予定の宇宙飛行士が訓練中に宇宙船火災によって窒息死するという大事故が起こりましたが，その後も計画は続行され，結局アポロ宇宙船による有人飛行は，1968 年 10 月の「アポロ 7 号」による地球周回飛行によって初めて成功しました. その後，「アポロ 8 号」によって月周回飛行が成功し，ついに 1969 年 7 月 20 日，「アポロ 11 号」の月着陸船「イーグル」は月に着陸しました.

　この後，「アポロ 13 号」を襲ったあわやの死亡事故という危機を乗り越えて，アポロ計画は 17 号まで続きました. NASA は，ベトナム戦争の戦費に悩む米国政府に予算を大きく削減されていましたが，その中で，14 号〜 17 号において多くの科学的成果を挙げました（ローニアス 2020, 159 頁）. アポロ計画は，有人宇宙飛行に関連する様々な技術の発展も促しました.

　アポロ計画にかけられた全コストは 250 億ドル（現在のドル価値で約 1500 億ドル相当）にも上ると言われています[5]. その莫大なコストに見合った成果を挙げられたかどうかについては，議論の余地がありますが，この人類史上稀にみる大事業が大きな文化的価値を持っていたことは間違いないでしょう（佐藤 2014, 97 頁）.

スペースシャトル

　アポロ計画の成功と，1960 年代末以降のデタント（緊張緩和）により，ソ連に対する優位を示すという大義は失われ，宇宙開発は米国にとってもはや重要な優先事項ではなくなりました（佐藤 2014, 100 頁）. NASA の予算も大幅に削

---

5) https://www.cnn.co.jp/fringe/35138528.html（CNN による. 2021 年 3 月 29 日閲覧）

減される中で，NASA はアポロ計画に代わる新しい計画として，宇宙ステーションおよびスペースシャトルを提案しました（佐藤 2014, 101〜102 頁）．スペースシャトル計画のコンセプトは，アポロ計画における高コストな使い捨てロケットに代わる再利用可能な宇宙船を建造し，宇宙飛行を低コスト化することで宇宙開発事業を進めやすくするというものでした（ローニアス 2020, 215 頁）．

　当初，これらの計画に反対していたニクソン大統領も，計画推進派官僚らの熱心な働きかけにより，1972 年 1 月，支援を発表しました（佐藤 2014, 108 頁）．1981 年 4 月，スペースシャトル・オービター 2 号機「コロンビア」が初の宇宙空間への飛行を成功させました．コロンビア以外にも，チャレンジャー，ディスカバリー，アトランティスの各オービターが打ち上げられ，打ち上げ頻度も上がりました（佐藤 2014, 115〜116 頁）．しかし 1986 年 1 月にはチャレンジャーが打ち上げ 73 秒後に，さらに 2003 年 2 月にもコロンビアが大気圏再突入時に空中分解を起こし，それぞれ 7 名の宇宙飛行士が死亡する悲劇に見舞われました．チャレンジャー事故後には，NASA も世論およびメディアの厳しい批判にさらされ，シャトルの打ち上げは 2 年半にわたって中断され，2003 年の事故後も飛行再開に 2 年半を要しました（佐藤 2014, 17 頁, 131 頁）．

　それでも最終的にスペースシャトルは，国際宇宙ステーション（ISS）への機材の搬入や物資の補給等のため，2011 年 7 月まで打ち上げ続けられました．

国際宇宙ステーション

　宇宙ステーションは，人類の長期宇宙滞在を実現させるものであり，NASA 設立直後から将来の宇宙計画の大きな柱として検討が重ねられていました．しかし 1972 年に，スペースシャトル開発を当面の優先事項とすることが決定され，宇宙ステーション計画はその後の課題とされていました（佐藤 2014, 137 〜140 頁）．

　国防総省などが，スペースシャトルや戦略防衛構想（SD1）との兼ね合いから，宇宙ステーション計画に反対したものの，レーガン大統領は計画を承認，1984 年 1 月に計画の開始を発表しました（佐藤 2014, 145〜146 頁）．米国は，諸外国に計画への参加を呼びかけ，話し合いの当初から，ステーションの設計，

分担が決められました．冷戦終結後の1993年9月にはロシアと米国が共同で宇宙ステーション計画を推進することに合意しました．1998年11月，宇宙ステーションを構成する2つのモジュール（ロシアの「ザーリャ・モジュール」と米国の「ユニティ・モジュール」）がロシアが管理するバイコヌール宇宙基地（カザフスタン）から打ち上げられました．両者は軌道上で結合されましたが，これは宇宙空間での建設作業が可能になったという意味で画期的でした（ローニアス 2020，232頁）．またISSは，微小重力環境を活用した科学研究（宇宙環境利用科学）の拠点としても重要な役割を果たしています．

　ISSも，これまでの諸計画と同様に莫大なコストがかけられています．当然，その評価は定まっていませんが，いずれにせよ異なる事情を抱えた複数の国が，宇宙空間で協力してこのような大事業を達成したことには，大きな価値があると言えるでしょう（佐藤2014，176〜177頁）．

ロシア（ソ連）

R7ロケットとセルゲイ・コロリョフ

　1945年5月末までに，ソ連軍はドイツ東部のほぼ全域を制圧し，ソ連宇宙開発の父，セルゲイ・コロリョフはじめロケット専門家たちのチームは機材や技術者をドイツからソ連に移し，V2を12機再生しました（ローニアス 2020，70頁）[6]．

　ソ連は，このV2ロケットの試験成功に促される形で，長距離弾道ミサイルの開発に取り掛かりました．この時，ミサイル製造主任に任命されたのもコロリョフでした．コロリョフは，最初に，V2機の設計をほぼそのまま踏襲した，純ソ連製のR1開発に成功しました．その後，ソ連政府が核実験を実施し始めると，より強力なミサイルが必要とされ，1953年4月には，それ以前に開発されていたR7ロケットエンジンのさらなる研究開発が承認されました．しかし，R7ロケットは組み立ておよび打ち上げの手順が複雑すぎ，発射に時間が

---

6) 以下，本項におけるソ連の宇宙開発に関する記述は，主にローニアス（2020）と鈴木（2011）に依拠しています．

かかりすぎた他，射程も限られていたため，兵器としての役割に適したものではありませんでした（鈴木 2011，104 頁，ローニアス 2020，71 頁）．ですが，このロケットは，少し調整すれば宇宙探査用のロケットとして転用することができることが判明したのです（ローニアス 2020，73 頁）．この方向転換がターニングポイントとなりました．

スプートニクとボストーク

上述の R7 ロケットは宇宙探査用に改良され，1957 年 10 月，「スプートニク 1 号」が，現在のバイコヌール宇宙基地から打ち上げられました．この世界初の人工衛星打ち上げが大きな宣伝効果を持ったことが次第に政府にも認識され，当時のフルシチョフ首相は宇宙計画に対する政治的・財政的支援を強化しました（ローニアス 2020，92 頁）．続く「スプートニク 2 号」では，初めて動物を搭載した地球周回軌道上の飛行が行われ，貴重なデータが得られました（ローニアス 2020，93 頁）．

こういったスプートニクの一連の成功を受け，「ボストーク計画」が始まりました．R7 ロケットを改良した 3 段式ロケット「ボストーク」が開発され，1961 年 4 月，人類初の宇宙飛行士ユーリ・ガガーリンを乗せた「ボストーク 1 号」が打ち上げられました．すでに触れたように約 89 分間の無重力飛行を含む 108 分間の飛行の後，ガガーリンは無事地球に生還しました．

この史上初の有人宇宙飛行の成功は世界中で熱狂を巻き起こしました．この後，米ソ間で熾烈な宇宙開発競争が繰り広げられていきますが，この時点では，ソ連が米国を圧倒的にリードしているように思われました．

しかし，1966 年 1 月にコロリョフが死去すると，ソ連の有人宇宙開発は停滞し始めます．さらに 1969 年 7 月，米国が月面着陸を成功させ，ソ連は米国に完全に後れを取ることとなったのです．

ソ連のスペースシャトル

米国がポスト・アポロ計画とともに推進していたスペースシャトル計画について，1960 年代末にはソ連の科学者たちはすでに認識していました（ローニアス 2020，228 頁）．NASA がスペースシャトルを初公開した 1976 年 9 月のわずか半年前の同年 3 月に，ソ連指導部は，独自の再利用可能なシャトル「ブラ

ン」開発計画を発表していました.

　ソ連は，ブラン開発によって，米国と比肩しうる宇宙活動を可能とし，自国の宇宙飛行士や搭載物を周回軌道上に運び，地上へ帰還させることを目指しました（ローニアス 2020，229 頁）．米国のスペースシャトル計画に対抗する重要なプロジェクトとして，軍主導の下，ソ連政府は当初ブラン開発に高いプライオリティを認めていました（鈴木 2011，112 頁）．

　1988 年 11 月，ブランは無人で打ち上げられました．飛行自体は成功であったものの，ブラン計画は中止され，1993 年に正式に打ち切りとなりました．ブランの開発に莫大なコストがかかることがわかり，ソユーズという再利用はしないものの信頼性の高い宇宙船が既にあるのにわざわざブランを開発するのは結局コストに見合わないと判断されたのです（ローニアス 2020，229 頁）．

ソ連の宇宙ステーション

　米国が月面着陸を成功させると，ソ連は米国に完全に後れを取る形となりました．ソ連は，月面着陸を凌ぐ規模のプロジェクトを検討しましたが，財政的にも技術的にも困難でした．そこで目を付けたのが，長期有人宇宙滞在です．軍事利用目的であった「アルマース計画」を非軍事利用とし，設計を簡略化して建造された宇宙ステーションが「サリュート 1 号」です（ローニアス 2020，208 頁）．1971 年 4 月，サリュート 1 号は打ち上げには成功しましたが，乗員は帰還の際大気圏再突入に失敗して死亡しました．その後も，技術的失敗が続きましたが，一方で改良も重ねられ，ソ連の宇宙ステーション技術は進歩しました（ローニアス 2020，209 頁）．

　このようにして培われた技術を背景に，恒久的な宇宙ステーションの建造を目指したのが，「ミール計画」です．この計画の目的は，長期間の有人宇宙飛行に必要な研究プラットフォームを軌道上に構築することと，宇宙空間でのソ連の存在感を改めて知らしめることでした（ローニアス 2020，230 頁）．1986 年2 月，ミールのコア・モジュールは打ち上げられ，2001 年 3 月の運用終了までに，ヴァレリー・ポリャコフが 1 回のミッションで人類最長の滞在記録である437 日間の滞在を果たすなど，印象的なミッションを達成しました（鈴木 2011，113 頁）．しかし，ロシアも参加する ISS の建造が始まり，コストがかさむミー

ルを維持し続ける理由はなくなりました．

　1991 年にソ連が崩壊すると，その後の経済的混乱がロシアの宇宙開発を困難な状況へと追い込みました．新宇宙ステーション計画は存在しましたが，予算的に厳しく，ISS に参加し，多国間共同での宇宙開発に活路を見出すことになりました．米国の項で述べたように，1993 年にはロシアと米国が共同で宇宙ステーション計画を推進することに合意し，1998 年 11 月に「ザーリャ・モジュール」が打ち上げられました．

　2000 年にプーチンが大統領に就任すると，「強いロシア」復活を目指し，中長期宇宙計画を策定，ロシア版 GPS である GLONASS の完成，通信衛星や地球観測衛星の打ち上げなどに積極的な姿勢を示しました（鈴木 2011，119～120頁）．宇宙科学の分野でも X 線宇宙望遠鏡やガンマ線宇宙望遠鏡などのプログラムが取り上げられています（鈴木 2011，121 頁）．

　ロシアは，プーチン大統領の強いリーダーシップの下，宇宙開発におけるかつての威信を取り戻すための試みを続けているのです．

ヨーロッパ

　ヨーロッパは，イギリス，ドイツ，フランスといった大国が当地の宇宙開発を牽引してきました．そして各国が独自の宇宙機関を持ちながら，地域全体を統括するものとして欧州宇宙機関（ESA）を設立して，現在に至っています．ここでは，ヨーロッパ地域全体としての観点から宇宙開発の流れを振り返りますが，その際，これら主要国がその主なアクターとなります．

ナチス・ドイツからヨーロッパの協力体制へ

　ヨーロッパ地域における宇宙開発政策形成の変遷は，ナチスという重い過去を引きずりながらの暗中模索の歴史でした．また小規模国の存在も軽んじることができず，これら多国間の政策の調整や意思決定は複雑を極めました．第二次世界大戦終結直後に主要国が置かれた状況も千差万別でした．

　まずドイツでは，敗戦後，1955 年 5 月まで航空宇宙関連の研究開発は公式には禁止されました．しかし，国内最大の航空宇宙研究機関であったドイツ航空研究所（Deutsche Versuchsanstalt für Luftfahrt：DVL）は残されており，将来を見

据えて，荒廃した国内産業の再建に資する研究への転換を目指そうと議論が継続されていました（Trischler 2007, S. 197）．

　フランスでは，1945 年 3 月に V2 技術の研究を開始しました．陸軍は，ドイツのロケットエンジンの専門家グループに液体燃料ロケットの開発を行わせましたが，その成果としてヨーロッパ初の宇宙研究用液体燃料ロケット「ヴェロニク」が生まれました（ローニアス 2020, 74 頁）．

　イギリスは 1955 年に，「ブルーストリーク」という中距離弾道ミサイルを設計していました．このミサイル自体は，開発費用の問題と兵器としての使いにくさなどから，1960 年に軍用としての開発が中止されました（Krige and Russo 2000, pp. 83-84）．しかし，イギリスはブルーストリークには民生用ロケットとしての利用可能性はまだあると考え，フランスを始めとしたヨーロッパ諸国にブルーストリークを一段目とするロケットの共同開発をもちかけました（Krige and Russo 2000, pp. 84-100）．こうして計画されたのが欧州ロケット開発機構（ELDO）の多段式ロケット「ヨーロッパ」です（ローニアス 2020, 186, 187 頁）．

　しかし，ヨーロッパの宇宙開発を支えたのは，軍用ミサイルの需要だけではなく，「純粋に科学的な」（Krige and Russo 2000, p. 15）宇宙開発を希求する科学者たちの働きかけも大きな動機となっていました．各国の科学者たちが，すでに設立されていた欧州原子核研究機構を手本とした「純粋に科学的な」宇宙機関設立をヨーロッパ各国政府に要請し，1962 年に欧州宇宙研究機構（ESRO）設立の協定が署名されました（ローニアス 2020, 182 頁）．

　他方，ロケット開発機構の方は，これとは異なり，各国の思惑の相違に由来する紆余曲折を経て設立されました[7]．ブルーストリークの開発にヨーロッパ全体を巻き込もうとしたイギリスに対して，フランスは，「ディアマン」というロケットをすでに開発していました．また西ドイツも当初は，政治的，心理的，財政的などの様々な理由で，ブルーストリーク計画を拡大することに反対しました．英仏独間での駆け引きが続く一方，宇宙へのプライオリティが低い小国の説得にも時間を要しました．結局 1962 年 3 月に ELDO の設立協定が結ばれ，

　7）以下，本段落の記述は Suzuki（2019, pp. 47-51）に依拠しています．

ELDO, ESRO はともに 1964 年から稼働を開始しました（Krige and Russo 2000, pp. 87-100）.

ESA 設立：ELDO の失敗と ESRO の成功

ELDO と ESRO は設立後も異なる様相を帯びて歩みを進めていきます.

ELDO は，設立後まもなく，多段式ロケット「ヨーロッパ」の開発に着手しました（ローニアス 2020, 183 頁）. しかし，「ヨーロッパ 1」の一連の打ち上げ失敗（1967 年 8 月 4 日〜 1970 年 6 月 6 日）によって情勢は暗転し，ELDO は瓦解の危機に瀕します（Reinke 2007, p. 146）. さらに後継機「ヨーロッパ 2」も 1971 年 11 月の打ち上げに失敗し，商業宇宙開発へと関心が移りつつあった欧州世論による批判をうけることとなりました（Reinke 2007, p. 147）. 1973 年の ELDO の会議で「ヨーロッパ 2」計画が打ち切りとなりましたが，「ヨーロッパ 2」以外に ELDO の実質的なプログラムはなかったため，この決定は ELDO の解体につながりました.

他方，ESRO は ELDO とは異なり，多くの成功に輝きました（ローニアス 2020, 183 頁）. イギリス，フランス，さらには米国製の科学観測ロケットを打ち上げ，成功に導いたのです. このような成果を挙げていたにもかかわらず ESRO 加盟各国間では，その立場の相違が浮き彫りになっていました. フランス，西ドイツなどが実用的なプログラムにも柔軟に対応できるよう ESRO を改革したいと考える一方で，他の国々は打ち上げ事業の高額なコストのため，手を引きたいという姿勢を明確にしていました（Krige, Russo & Sebesta 2000, pp. 1ff.）.

このような状況の中で，早くも 1968 年には，ESRO と ELDO を統合して効率化すべしという議論が浮上していました. 1973 年には，新組織設立のためのワーキンググループが立ち上げられましたが，翌 1974 年にはヨーロッパ諸国で選挙や政権交代が相次いだため，統合プロセスは停滞しました（Reinke 2007, p. 172）. さらに，新組織の ESA 初代長官の選出に関して独仏間において衝突が生じるなど緊張状態が続きましたが，決裂は回避され，各国間の調整の結果，1975 年 5 月 30 日に欧州宇宙機関（ESA）が設立されました. 参加各国は，それぞれ国内に政府機関としての宇宙機関を持っていますが，米ソに対峙可能な能力を持つには，地域全体での協力が現実的であり，こういった共同の

プログラムを念頭に置いたものが ESA です．各国の政府宇宙機関は，その国独自の衛星開発などを実施しているほか，ESA のプログラムにおいて各国に割り当てられた研究開発を担っています．

自立の模索

ESA の設立を機にヨーロッパ諸国が開発したのが，米国に頼らない独自の打ち上げロケット「アリアン」です．「ヨーロッパ」ロケットの失敗を教訓として設計されたアリアンは，1979 年に初号機の打ち上げに成功しました．この成功を受けて，商用目的の多国籍企業，アリアンスペース社が設立されました．その後も打ち上げ能力を向上させ，アリアンはその後継機も含めて商用ロケットとして大いに成功しました（ローニアス 2020，185 頁）．

商用ロケットで成功を収めた ESA ですが，有人宇宙飛行を実施するロケットの開発は困難でした．そのため，米国との協力関係の中で，有人飛行に関する技術を獲得するのが現実的でした．その中で重要だったのが，「スペースラブ」と呼ばれる宇宙実験室です．これは ESRO 時代の 1973 年に NASA との間で開発が合意されたもので，1983 年 11 月にスペースシャトル「コロンビア」に搭載されて初飛行を行いました．この後，チャレンジャー事故に伴うスペースシャトル計画の停滞によって NASA からの受注が大幅に減り，ヨーロッパは打撃を受けます（鈴木 2011，78〜79 頁）．ただし，スペースラブの開発によって，ヨーロッパの宇宙産業が国際的な宇宙開発計画の推進の経験を積むことができたのも事実です（Reinke 2007, p. 161）．

スペースラブの経験は，米国との協力体制のあり方についてヨーロッパ諸国に再考を促すことになりました．1984 年に宇宙ステーションへの参加を促された ESA では，どのような形で参加すべきか，議論が沸騰しました．結局，ESA はヨーロッパ独自の再利用可能な有人宇宙輸送往還機「エルメス」と，これを打ち上げるアリアン 5，独立した電源・生命維持システムをもつ「コロンバス」の開発を決定しました（鈴木 2011，79 頁）．

ようやく動き出した宇宙ステーション計画への参加でしたが，ソ連崩壊，冷戦の終焉という歴史の大波を前にして，各国の期待通りに進むことはありませんでした．

冷戦後の枠組み

1991 年に冷戦構造が終焉を迎えると，東西の宇宙開発を統合していく複雑な手続きが始まりました．

西側諸国では国際宇宙ステーション（ISS）計画に参加し続けることについて，冷戦構造の終焉が再度の議論を引き起こすことは必定でした．特にドイツ再統一に伴う情勢の変化が大きな壁となりました．インフラ整備などドイツ統一関係の事業に予算をまわすために，西ドイツではそれまでのレベルで宇宙ステーション計画に寄与するのは不可能となったからです（鈴木 2011，80 頁）．こうした状況を受け，ESA は，衛星打ち上げに活用できるアリアン 5 は継続することにしたものの，エルメスの開発中止，コロンバスの規模縮小などを決定しました（鈴木 2011，80-81 頁）．しかし，ISS 計画への参加自体は続行されています．

さて宇宙開発に関して世界第 3 の勢力となった ESA ですが，包括的な宇宙政策をもってはいませんでした．また当初，宇宙分野は ESA の独占分野と考えられていたため，欧州委員会（EC）は宇宙分野を扱っていませんでした．しかし，宇宙活動はますます重要なものとなり，1990 年代初頭には ESA と EC／EU の協力体制が模索され始めました．欧州連合（EU）は徐々に宇宙部門での地位を確立し，独自予算をもった宇宙部門を設置しました．その後，ヨーロッパ版 GPS「ガリレオ計画」，地球観測衛星プログラムの GMES（のちに「コペルニクス計画」に改称」）によって，EU が主導して政策決定を行い，それを受けて ESA が技術開発を行う，という新しい関係が構築されてきています（鈴木 2011，93 頁）．

戦後一貫して，2 大強国の狭間で揺れ動き，政治的・経済的困難が生じるたびに，その都度，各国間の調整という壁を乗り越えながら，ヨーロッパ諸国は宇宙開発に携わり続けてきました．冷戦を背景に，宇宙開発に対して軍事的な動機を強くもった米ソに対して，ヨーロッパ各国は相互の連携を前提として非軍事的部門での宇宙開発を模索し続けてきました．それは，宇宙という舞台において，ヨーロッパ各国が 2 大強国に翻弄されながらもアイデンティティを確立しようとする努力であったと言えるでしょう．

138

中国・インド

中国

　中華人民共和国の宇宙開発の歴史は，銭学森という人物から始まりました[8].彼は，カリフォルニア工科大学で博士課程の研究を行い，カリフォルニア州パサデナにジェット推進研究所（JPL）が設立される際，中心的な役割を果たしました（ローニアス 2020, 192 頁）．順調にキャリアを築いていた銭でしたが，母国，中国では 1949 年，中国共産党によって中華人民共和国が建国されていました．米国では反共産主義感情が盛り上がり，「赤狩り」の嵐が吹き荒れたため，銭も中国人であるというだけで国家の重要施設に入ることが禁じられたばかりか，宇宙開発の発展を妨害しているとして逮捕されてしまいました（ローニアス 2020, 192 頁，鈴木 2011, 128 頁）．その後，1955 年になって帰国が許された銭は，中国国防部第 5 研究院統括という高い地位を与えられました．1957 年にソ連がスプートニク 1 号の打ち上げに成功すると，銭は毛沢東に進言し，中華人民共和国建国 10 周年にあたる 1959 年までに人工衛星を軌道上に送ることを目指す「581 計画」を承認させました．この目標は，結局達成されませんでしたが，この時ソ連から学んだ弾道ミサイルの技術は，中国のミサイル技術を大いに向上させることになりました（ローニアス 2020, 192〜193 頁）．

　1950 年代には中ソ友好時代を迎え，両国の技術協力関係が始まり，中国はソ連から宇宙開発技術を習得しました．しかし，ロケット・ミサイル技術は当時のソ連において機密事項であったため，中国に対しても限定的な形でしか供与されず，中国側は不満を溜めました（鈴木 2011, 128, 129 頁）．そして，フルシチョフのスターリン批判などを契機に 1950 年代後半から中ソ対立の時代を迎えると，ソ連からの技術援助は打ち切られました．

　この後，中国では 1966 年から「文化大革命」の嵐が吹き荒れましたが，そのさなか，周恩来は文化大革命の影響から科学者や研究者を守るため，1968 年 2 月には人民解放軍の中に，空間技術研究院（CAST）を設置し，銭もここ

8）以下，本項における中国とインドの宇宙開発に関する記述は，主にローニアス（2020）と鈴木（2011）に依拠しています．

でロケットの研究開発を続けました（鈴木 2011, 133 頁）．まもなく，銭のチームは，「長征 1 号」を開発し，1970 年に中国初の人工衛星打ち上げに成功します．その後，「長征」シリーズは，数度にわたる事故を経ながらも，1996 年から 2009 年まで 75 回連続の打ち上げ成功を記録しました（ローニアス 2020, 194 頁）．

　さて，中国は有人宇宙飛行でも大きな成果を挙げています．有人探査計画も視野に入れた具体的な計画が発表されたのは，1992 年になってからでしたが，1999 年 11 月には無人の「神舟 1 号」の打ち上げを成功させ，2003 年には人民解放軍中佐（当時）の楊利偉が搭乗した「神舟 5 号」の打ち上げに成功しました．このとき中国は，ソ連，米国に次いで世界で 3 番目に有人宇宙飛行に成功した国家となったのです．その後も「神舟」計画は順調に進み，2008 年 9 月の「神舟 7 号」では，中国初の宇宙遊泳も実施されました．

　中国はまた，宇宙ステーションの建造にも着手しています．2011 年 9 月には，試験機である「天宮 1 号」を打ち上げ，「神舟 9 号」との有人ドッキングに成功しました．この後，「天宮 1 号」の後継機として，より大規模な軌道ステーション「天宮 2 号」が打ち上げられ，使用されています（ローニアス 2020, 195 頁）．

　インド

　インドでは裕福な実業家であり科学者でもあったヴィクラム・サラバイという人物が初期の宇宙開発を推進しました．彼は自国で人工衛星を開発しようと考え，ネルー首相と協議を重ね，1962 年にインド国立宇宙研究委員会（のちのインド宇宙研究機関，ISRO）が設立されました．この時，サラバイは，研究委員会の長官に就任しました（ローニアス 2020, 196 頁，鈴木 2011, 155 頁）．

　インド初の人工衛星「アーリヤバタ」がソ連によって打ち上げられたのは，サラバイの死から 4 年後の 1975 年のことでした．アーリヤバタは X 線天文学や太陽物理学などの実験装置を搭載していましたが，主な目的はインドに衛星開発能力があることを示すことでした（ローニアス 2020, 196 頁，鈴木 2011, 158 頁）．

　さらに ISRO は，衛星だけではなく，ロケットの開発にも着手しました．人

工衛星打ち上げロケット（LSV）を開発し，1980年7月には「ロヒニ」衛星の打ち上げに成功しました．この後もインドはロケット打ち上げ能力を向上させ，順調に衛星の打ち上げにも成功し，他国の衛星打ち上げを請け負うほどになっています（ローニアス 2020, 196〜197頁）．また，1970年代後半には，フランスや米国と宇宙協力協定を結ぶなど，宇宙開発分野において世界各国との協力姿勢を鮮明にしました．ただインドは，冷戦時代にも特定の国との結びつきに頼ることなく，東西両陣営から必要な技術供与を受け，自国の技術開発に取り組んできました（鈴木 2011, 156, 157, 161頁）．

　さらにインドは月・火星探査にも意欲的な姿勢を見せてきました．2008年から2009年にかけて，「チャンドラヤーン1号」を月周回させ，月の極地の氷を観測するなどの科学的成果を挙げました．また，2014年9月には「マンガルヤーン」を火星周回軌道に投入し，火星探査を成功させるなど，インドは宇宙開発という舞台での存在感を増してきています（ローニアス 2020, 197, 280頁）．

2. 日本における宇宙開発の歴史

黎明期／技術獲得／自立性の確保（1950年代〜1970年代）

　日本の宇宙開発は，東京大学生産技術研究所の糸川が実施した1955年のペンシルロケットの水平発射実験から始まりました．1945年の第二次世界大戦の終結後，日本はGHQの指令により航空機の生産・研究・実験・教育等の一切の活動を禁止されていましたが，1952年，対日講和条約発効を前に禁止が解除されました．航空の苦難の時を経て，日本の宇宙技術の獲得に向けた挑戦は，大学の研究所から始まりました[9]．

　1954年，東京大学生産技術研究所にAVSA（Avionics and Supersonic Aerodynamics）研究班が発足し，ロケットの研究が本格的に始まりました．日本における

---

9) 国産ロケット・衛星の開発の歴史は，五代（1994）と齋藤（1994）に依拠しています．

ロケット開発の機運は，1957〜1958 年の国際地球観測年（IGY）という国際科学プロジェクトに向けて高まりました．東京大学は，1958 年には K（カッパ）-6 ロケットで高度 60 km を達成して高層物理観測を行いました．1960 年には K-8 ロケットが高度 190 km に到達，その後 L（ラムダ）-3 ロケットが高度 1,000 km に達し，1967 年には L-3H ロケットが高度 2,150 km に達しました[10]．そして 1970 年 2 月，L-4S ロケットにより人工衛星「おおすみ」を周回軌道に投入し，日本はソ連，米国，フランスに次いで世界で 4 番目に人工衛星打ち上げ能力を有する国となりました．軍や国の宇宙機関ではなく，大学の研究所が最初に人工衛星の軌道投入を達成したことは，日本の宇宙開発の特徴と言えるでしょう．東京大学は 1970 年代に L ロケット，M（ミュー）ロケットにより衛星を打ち上げ，技術試験，磁気圏観測，天文観測などを行いました．

　宇宙開発の体制に関しては，1960 年，総理府に宇宙開発審議会が設置され，1968 年，同審議会の最後の答申を踏まえ，宇宙の開発に関する国の施策の総合的かつ計画的な推進とその民主的な運営に資するため，総理府に宇宙開発委員会が設置されました（齋藤 1994，44〜51 頁）．1955 年に総理府の下に設立された航空技術研究所は 1956 年に科学技術庁の所管となり，1963 年に宇宙部門を加えて航空宇宙技術研究所（NAL）に改称されました．1964 年には東京大学に宇宙航空研究所が設立されました．同年，科学技術庁に宇宙開発推進本部が設置され，1969 年に科学技術庁所管の特殊法人宇宙開発事業団（NASDA）が設立されて，米国 NASA やフランス CNES などと並ぶ宇宙機関が誕生しました．こうして，NASDA，宇宙航空研究所（後の宇宙科学研究所（ISAS）），NAL の 3 機関が宇宙開発を実施する体制が確立しました．

　1962 年，宇宙開発審議会に諮問された「宇宙開発推進の基本方策」に対する答申において，日本の宇宙開発は平和目的に限り，自主性の尊重，公開の原則，国際協力の重視の 3 原則に基づいて行うことが明記されました（渡邉 2019，35 頁）．その上で，日本は，平和目的を「非侵略」ではなく「非軍事」と解釈

10）ロケットの到達高度は宇宙科学研究所（ISAS）沿革（https://www.jaxa.jp/about/history/isas_j.html）（2022 年 3 月 31 日閲覧）に依拠しています．

することで[11]，他の宇宙活動国と比べ，より制約的に宇宙開発を推進することとなりました．

　ロケットと人工衛星に関しては，東京大学は固体燃料ロケットと科学衛星を，NASDA は液体燃料ロケットと実用衛星を開発する体制が確立し，NASDA は 1969 年の日米交換公文（米国がロケットと衛星の技術及び機器を日本に提供することを定めた国際約束）に基づいて，米国の技術を導入しました（齋藤 1994, 60〜62 頁）．初代の気象衛星（GMS），通信衛星（CS），放送衛星（BS）は，NASDA がユーザー機関（気象庁，郵政省，日本電電公社，日本放送協会）から概念設計・予備設計を引き継いで仕様書を作成し，日本の衛星メーカーが主契約者となって開発・製作されましたが，技術的には米国の衛星メーカーに大きく依存し，米国のロケットで打ち上げられました（齋藤 1994, 85〜89 頁）．1977 年には，米国のデルタロケットにより静止気象衛星「ひまわり」，実験用中容量静止通信衛星「さくら」，1978 年には実験用中型放送衛星「ゆり」が打ち上げられました．国産ロケットは，米国の技術を導入した N-I ロケットが 1975 年に技術試験衛星「きく 1 号」，1976 年に初の実用衛星として電離層観測衛星「うめ」，1977 年に初の静止衛星として技術試験衛星「きく 2 号」，1978 年に電離層観測衛星「うめ 2 号」，1979 年に実験用静止通信衛星「あやめ」を打ち上げました[12]．

商業化／研究開発／宇宙ステーション（1980 年代〜 1990 年代）

　NASDA は，1981 年に N-II ロケット，1986 年に H-I ロケットの初打ち上げに成功し，衛星の打ち上げを重ねることで，ロケット技術を獲得していきました．しかしながら，米国の技術を導入している限り，第三国の衛星の打ち上げに制約が課され，宇宙部品や技術の入手は米国の政策次第となるため（五代 1994, 39〜45 頁），商業化を含めた宇宙開発の自立性の確保のためには，ロ

---

11) 1969 年の国会決議により日本の宇宙の開発及び利用は平和の目的に限ることとされ，国会での議論の中で平和の目的は非軍事と解釈することが確認されました．

12) 「あやめ」はロケットの第 3 段の不具合，後述する「あやめ 2 号」は衛星の推進系の不具合により，静止軌道投入には失敗しました．

ケットの純国産化が必要でした.

　他方，ロケットでも人工衛星でも宇宙ステーションでも，技術を獲得し，利用が進むにつれ，コスト低減が求められます．純国産化を目指した H-II ロケットにも，同時にコスト低減が求められました（五代 1994, 48〜49 頁）．純国産の H-II ロケットは 1994 年に初打ち上げに成功しました.

　実用衛星に関しては，1980 年に実験用静止通信衛星「あやめ 2 号」，1981 年に静止気象衛星「ひまわり 2 号」，1983 年に静止通信衛星「さくら 2 号 a」，「さくら 2 号 b」，1984 年に静止放送衛星「ゆり 2 号 a」，静止気象衛星「ひまわり 3 号」，1986 年に静止放送衛星「ゆり 2 号 b」，1988 年に静止通信衛星「さくら 3 号 a」，「さくら 3 号 b」，1989 年に静止気象衛星「ひまわり 4 号」が，相次いで打ち上げられました．1987 年に NASDA は海洋観測衛星「もも 1 号」で極軌道からの地球観測を実現し，これらに加え，技術試験衛星（ETS シリーズ）で，国産の衛星技術を獲得していきました.

　ところが，1980 年代，日米貿易摩擦が深刻化する中で，米国政府は，日本の人工衛星の政府調達市場は閉鎖的であるとして，日本政府に市場の開放を求めました．その結果，1990 年の日米衛星調達合意により，日本政府の自主的措置として，政府と政府の監督下で衛星調達を行う機関は，非研究開発衛星を国際的な競争入札により調達することとなりました.

　日米衛星調達合意を受けて，日本政府は，政府系の非研究開発衛星（気象・通信・放送）を国内調達して産業を育成する戦略を取れなくなり，NASDA はもっぱら研究開発衛星を開発するようになりました.

　なお，日米衛星調達合意は，世界貿易機関（WTO）の政府調達協定と整合的とされており，研究開発目的の人工衛星の他，安全保障目的の人工衛星については適用対象外となります．しかし，当時は日本の宇宙開発の平和目的は非軍事を指すと解されていたため，防衛庁が独自に通信衛星や地球観測衛星を調達することはありませんでした.

　1980 年代は，日本が本格的に有人宇宙活動に乗り出した時期でもあります．1984 年に米国のレーガン大統領が発表し，ヨーロッパ，カナダ，日本に参加を招請した有人宇宙基地計画に対し，日本は 1985 年，宇宙開発委員会が計画

参加に関する基本構想を了承して参加を決定しました．また，同年，NASDA
は 3 名の宇宙飛行士候補を選定しました．宇宙飛行士候補に関しては，その後，
1992 年に 1 名，1996 年に 1 名，1999 年に 3 名を選定しました．

　宇宙開発の体制に関しては，1981 年に東京大学宇宙航空研究所が文部省宇
宙科学研究所（ISAS）に改組されました．

　科学衛星に関しては，1981 年の太陽観測衛星「ひのとり」により ASTRO
シリーズ（天文観測）[13]，1985 年のハレー彗星探査機「すいせい」により PLAN
ET シリーズ（惑星探査），1990 年の月周回衛星「ひてん」により MUSES シ
リーズ（工学実験）の打ち上げ・運用が始まりました．また，ISAS は 1997 年
に世界最大級の固体燃料ロケットとして M-V ロケットの初打ち上げに成功し
ました．

　NASDA においても，1994 年に軌道再突入実験機「りゅうせい」の打ち上げ
と再突入実験に成功，1998 年に技術試験衛星「きく 7 号」によるランデ
ブー・ドッキング実験に成功するなど，将来の宇宙活動に向けた技術開発が進
展しました．

　他方で，1990 年代は，技術試験衛星「きく 6 号」の不具合，地球観測プ
ラットフォーム技術衛星「みどり」の運用停止，H-II ロケットの 2 機連続の
打ち上げ失敗と，不具合や事故が続きました．NASDA は，2000 年の「宇宙開
発事業団の経営改革についてのアクションプラン」（改訂版）において，新型
の H-IIA ロケットを最重要課題とし，その他のプロジェクトを見直すことを
表明しました．これを受け，宇宙往還技術試験機「HOPE-X」は計画が凍結・
中止されました．

宇宙利用／安全保障／ニュースペース（2000 年代以降）

2000 年代に入り，日本は宇宙政策の転換期を迎えました．2001 年の中央省

13）ASTRO シリーズではこれまで，X 線・赤外線天文衛星の打ち上げ・運用が行われてき
　　ました．太陽観測については，1991 年の「ようこう」から SOLAR シリーズとして打
　　ち上げ・運用が行われています．また，磁気圏等の観測については，1978 年のオーロ
　　ラ観測衛星「きょっこう」から EXOS シリーズの打ち上げ・運用が始まりました．

庁再編により文部省と科学技術庁が統合して文部科学省が発足し，NASDA, ISAS, NAL を所管するとともに，総理府に設置されていた宇宙開発委員会は文部科学省の審議会という位置づけになり，内閣府に設置された総合科学技術会議が宇宙政策の基本方針を定めることになりました（渡邉 2019, 39 頁）．さらに，文部科学省の決定と特殊法人改革により，基盤技術の強化や効率的・効果的な研究開発などのため，2003 年 10 月に NASDA, ISAS, NAL が統合して，独立行政法人宇宙航空研究開発機構（JAXA）が設立されました．しかしその直後，環境観測技術衛星「みどり II」の運用停止，H-IIA ロケットの打ち上げ失敗，火星探査機「のぞみ」の火星周回軌道投入断念と，失敗が連続し，JAXA は設立早々，技術基盤の立て直しの必要に迫られました[14]．

　安全保障の分野では，1998 年の北朝鮮による弾道ミサイル「テポドン」の発射実験を受けて同年，政府は情報収集衛星の導入を決定し，2003 年に情報収集衛星（IGS）1 号機が打ち上げられました[15]．

　2008 年，宇宙基本法が成立し，宇宙開発利用に関する施策を総合的かつ計画的に推進するため，内閣に宇宙開発戦略本部（本部長：内閣総理大臣）が設置されました．宇宙基本法は，日本の宇宙開発の重点を研究開発から利用と産業振興に移すとともに，宇宙開発利用を憲法の平和主義に則って行うとすることで，それまで「非軍事」と解釈されてきた平和目的について，専守防衛の範囲で可能な「非侵略」へと変更し（渡邉 2019, 40 頁），防衛省・自衛隊による人工衛星の保有・運用を可能にしました．

　2016 年には，民間事業者による宇宙活動の活発化を背景に，「人工衛星等の打上げ及び人工衛星の管理に関する法律（宇宙活動法）」が制定されました．日本の宇宙開発はそれまで，国の宇宙機関である JAXA が中心となって実施されてきたため，JAXA 法と，火薬類取締法，電波法などの関連法で規制されていましたが，宇宙活動法は民間事業者も含め，ロケットにより人工衛星を打ち

14）三機関統合を含む宇宙機関から見た日本の宇宙開発の歴史は，稲田他（2021）を参照してください．

15）内閣官房は現在，安全保障及び大規模災害等への対応等の危機管理の目的で，情報収集衛星（IGS）の運用を行っています．

上げる者と，人工衛星を管理する者に対して国が審査し許可するための法律で，宇宙条約第 6 条（非政府団体の宇宙活動に対する国の許可と継続的監督）の履行を担保する，日本として初の国内宇宙法となりました．また，宇宙活動法と併せて制定された「衛星リモートセンシング記録の適正な取扱いの確保に関する法律（衛星リモセン法）」は，高分解能の衛星リモセン装置を使用する者に対して国が審査し許可するための法律で，国の安全保障上の要請に基づく国内法として制定されました[16]．

　ロケットに関しては，H-IIA ロケットは，2001 年に初打ち上げに成功し，その後，2003 年に打ち上げに失敗しましたが，2005 年に運輸多目的衛星「ひまわり 6 号」の打ち上げに成功して運用を再開しました[17]．また，2009 年には H-IIB ロケットが宇宙ステーション補給機「こうのとり 1 号」を打ち上げ，ISS への物資輸送手段を確立しました[18]．液体燃料ロケットに関しては，現在，H-IIA ロケットの後継機として H3 ロケットの開発が進められています．固体燃料ロケットに関しては，2006 年に M-V ロケットの運用を終了し，2013 年にイプシロンロケットの初打ち上げに成功しました．

　実用衛星に関しては，2010 年に米国の GPS システムの信号を補完・補強する準天頂衛星「みちびき初号機」を打ち上げ，2018 年に 4 機体制で測位サービスを開始しました[19]．これにより，日本は実用衛星の主要な技術（通信，放送，気象，地球観測，測位）の全てを有する国となりました[20]．

---

16) 日本では 2021 年 6 月に「宇宙資源の探査及び開発に関する事業活動の促進に関する法律（宇宙資源法）」が成立し，同年 11 月には「軌道上サービスを実施する人工衛星の管理に係る許可に関するガイドライン」が制定されるなど，新しい宇宙活動に関するルール作りが続いています．

17) H-IIA ロケットはその後も打ち上げ成功を重ね，2021 年末までに，成功率 97.8 %（45 機中 44 機成功）という世界最高水準の成功率を誇るロケットとなりました．H-IIA ロケットの打ち上げは，2007 年の 13 号機から民営化されました．

18) H-IIB ロケットは，計画された 9 機全ての打ち上げに成功し，2020 年に運用を終了しました．H-IIB ロケットの打ち上げは，2013 年の 4 号機から民営化されました．

19) 内閣府は現在，この測位サービスの提供のため，準天頂衛星システム（QZSS）「みちびき」の運用を行っています．

20) 地球観測衛星に関しては，JAXA は現在，陸域観測技術衛星（ALOS シリーズ），温室

　有人宇宙活動に関しては，2003 年のスペースシャトル「コロンビア」号の事故を受けた米国の ISS 計画の見直しにより，2005 年に JAXA が開発を担当していた NASA の生命科学実験施設「セントリフュージ（人工重力発生装置）」の開発が中止されました．スペースシャトルにより打ち上げ，軌道上で建設する日本実験棟「きぼう」についても計画が遅延しましたが，2009 年に完成し，JAXA は「きぼう」の船内，船外の宇宙環境を利用して，物質科学，生命科学，タンパク質結晶生成などの実験を本格的に開始しました．また，同年，JAXA は 3 名の宇宙飛行士候補を選定しました．

　科学衛星に関しては，太陽系探査が進み，2007 年に月周回衛星「かぐや」が打ち上げられました．2003 年に打ち上げられた小惑星探査機「はやぶさ」は，2005 年に小惑星イトカワに着地してサンプルを採取し，2010 年 6 月にサンプルを格納したカプセルの地球帰還に成功しました．同年 5 月には金星探査機「あかつき」が打ち上げられました．「はやぶさ 2」は 2014 年に打ち上げられ，2019 年に小惑星リュウグウのサンプルを採取し，2020 年 12 月にカプセルの地球帰還に成功しました．2018 年には日欧共同の水星探査計画「ベピコロンボ」の水星磁気圏探査機「みお」が，ヨーロッパのアリアン 5 ロケットで打ち上げられました．

　次世代の宇宙探査に関しては，2019 年 10 月の宇宙開発戦略本部会合において，米国が提案する月周回有人拠点「ゲートウェイ」の整備を含む国際宇宙探査計画への日本の参画を決定しました[21]．2020 年 7 月には NASA と文部科学省が月探査の共同宣言（JEDI）に署名し，月探査における日米協力に関する意向を確認しました．2021 年 12 月，JAXA は，ISS のほか，ゲートウェイや月面での活動を想定した宇宙飛行士候補の募集を開始しました．

　2000 年代以降は，新たなアクターとして，大学や民間事業者による宇宙開

　　効果ガス観測技術衛星（GOSAT シリーズ），地球環境変動観測ミッション（GCOM シリーズ）の打ち上げ・運用を行っています．

21）2018 年 2 月，NASA は，月面探査とその先の火星探査に向け，「ゲートウェイ」を建設することを発表しました．また，2019 年 5 月には，「アポロ計画」以来の有人月探査計画として「アルテミス計画」を発表しました．

発も活発化しました.

2002 年に設立された「大学宇宙工学コンソーシアム（UNISEC）」は，国内外の教育機関・研究機関との協力により，超小型衛星の開発などを通じて，実践的な宇宙工学教育を展開してきました．大学等による超小型衛星開発の活発化を受けて，JAXA は，ロケットの相乗り打ち上げや「きぼう」からの放出により，大学等が開発した超小型衛星の軌道投入を支援しています．「きぼう」からの超小型衛星の放出は，信頼性の高い軌道投入方法として，途上国の人材育成にも活用されています.

また，2000 年代以降，日本でも「ニュースペース」と呼ばれる新興宇宙企業群が登場し，宇宙ゴミの除去や，宇宙資源開発，サブオービタル宇宙旅行などの事業を計画・推進しています．さらに，異業種からの宇宙事業への参入事例も出てきています.

こうした新たなアクターの登場も踏まえ，2017 年 5 月，宇宙開発戦略本部の審議会である宇宙政策委員会は，宇宙利用の拡大や新規参入の支援などの施策を通じ，宇宙産業全体の規模（当時 1.2 兆円）の 2030 年代早期の倍増を目指す「宇宙産業ビジョン 2030」を公表しました.

現在の日本の宇宙開発は，従来の国の予算による宇宙機関を中心とした宇宙開発から，政府，宇宙機関，民間企業，大学等による，多様なアクター，多様なビジョン，多様な資金による宇宙開発への移行（トランジション）期にあると言えるでしょう.

3. 宇宙開発に関する国際規範の形成

黎明期／米ソ冷戦（1950 年代〜 1970 年代）

1957 年 10 月のソ連による世界初の人工衛星「スプートニク 1 号」の打ち上げの前から，国連では，宇宙空間の利用のあり方に関する議論が行われていました[22]．宇宙空間の平和利用と国際協力に関する問題を検討するため，1958年 12 月に国連総会決議により宇宙空間平和利用暫定委員会が設置され[23]，

1959 年 12 月に常設委員会として国連宇宙空間平和利用委員会（COPUOS）が設置されました[24]．COPUOS は，本委員会，科学技術小委員会（科技小委），法律小委員会（法小委）で構成され，現在まで，宇宙関係の条約，原則，宣言，勧告，ガイドラインなどを議論・採択する場となっています[25]．

　宇宙開発の黎明期から，宇宙空間の平和利用は，国際的な関心事項でした．1957 年 11 月には国連総会で，宇宙空間への物体の打ち上げは平和的・科学的な目的に限ることを確保するための検証措置に関する勧告を含む決議が採択されました．1963 年には国連総会で宇宙法原則宣言が採択され，1967 年には宇宙条約が発効しました．宇宙条約は，宇宙活動の原則として，宇宙活動の自由，天体を含む宇宙空間の所有の禁止，国際の平和及び安全の維持・国際協力及び理解の促進のために宇宙活動を行うことなどを定めています．他方，軍事活動に関しては，大量破壊兵器を天体と宇宙空間のいずれにも設置・配置することを禁止し，天体に軍事基地を設置すること等を禁止していますが，宇宙空間に通常兵器を配置することは禁止していません．この背景には，条約の起草当時，米国とソ連は既に軍事衛星の打ち上げを行っていたため，これ以上の規制にまで踏み込めなかったという事情がありました（Dembling & Arons 1967, p. 433）．

　1960 年代から 1970 年代は，宇宙条約（1967 年（署名開放の年，以下同）），宇宙救助返還協定（1968 年），宇宙損害責任条約（1972 年），宇宙物体登録条約（1975 年），月協定（1979 年）と，宇宙活動の基本的な法的枠組みの構築が進みました[26]．宇宙条約は「宇宙の憲法」とも呼ばれ，宇宙開発の国際的な規範と

22）宇宙開発のルール作りの歴史については，青木（2006, 2018）を参照してください．

23）暫定委員会は，松平康東国連大使が議長を務め，東京大学の畑中武夫教授が科学小委員会で報告の起草委員を務めました（外務省 1960）．

24）1958 年には，科学研究の促進や科学者の情報交換の場として，国際学術連合会議（ICSU）の下部組織として国際宇宙空間研究委員会（COSPAR）が設立されました．COSPAR は，国際衛星識別符号の付与方式でも知られ，惑星保護方針を策定する場としても，宇宙活動の国際規範形成の一翼を担っています．

25）COPUOS のほか，宇宙活動に関する国際ルールは，国際電気通信連合（ITU），国連総会第一委員会，ジュネーブ軍縮会議（CD）などで議論されています．

26）これらの条約は，COPUOS 法小委で起草されました．なお，月協定は，主要な宇宙活動国は批准していません．

なっています.

　冷戦下の米ソの軍拡競争を背景に加速した宇宙開発ですが,同時に,宇宙協力は緊張緩和の象徴ともなりました.1975年に実現したアポロ・ソユーズのドッキング計画は,緊張緩和の象徴とみなされました.

民生／商業／安全保障宇宙活動の進展（1980年代～1990年代）

　1980年代は,近未来的な宇宙開発の期待を高めるイベントが続きました.1981年の米国のスペースシャトルの打ち上げと帰還の成功は,人と物資の高頻度の宇宙往還という,新しい時代への期待を高めました.1984年には,米国のレーガン大統領が宇宙基地計画を発表しました.これはソ連のミール計画に対抗するものでしたが,有人宇宙基地を西側諸国(ヨーロッパ,カナダ,日本[27])の協力により建設するもので,米国一国がプロジェクトをコントロールする形ではなく,各国が責任を分かち合う新たな国際協力のあり方を示すものでした(佐藤2014,148頁).宇宙基地計画は,冷戦終結後,ロシアも参加して,民生用国際宇宙基地「国際宇宙ステーション(ISS)」として,1998年に軌道上の建設が開始されました.

　1980年代は,商業宇宙活動に関しても大きな進展がありました.1980年,フランスのCNES等が出資して,世界初の商業打ち上げサービス企業としてアリアンスペース社が設立され,米国がスペースシャトルの事故などにより商業打ち上げに苦戦する中,世界の商業打ち上げサービス市場でシェアを獲得しました.1982年には,同じくCNES等が出資して,世界初のリモートセンシング・データ販売企業としてスポットイマージュ社が設立されました.

　安全保障の分野では,1983年,米国のレーガン大統領が戦略防衛構想(SDI),いわゆる「スターウォーズ計画」を発表しました.SDIは,軌道上にレーザー兵器を配備するなど,近未来の宇宙戦争の可能性を想起させるものでした.SDIは実現に至りませんでしたが,1991年の湾岸戦争は,軍事活動に

---

27) 日本が米国の申し出に速やかに対応できた背景として,スペースシャトルの開発において意思決定が遅れ,開発に参加できなかったという関係者の苦い経験がありました.

おける宇宙利用の有用性を明らかにしました（福島 2015，59〜63 頁）．

このように世界の宇宙開発が活発化する一方で，宇宙ゴミや軍拡の問題が，宇宙開発におけるリスクとして認識されるようになりました．宇宙ゴミに関しては，1986 年にヨーロッパのアリアンロケットの上段が軌道上で爆発したことを機に，1987 年に NASA と ESA の協議が行われ，その後，NASA を中心とした二国間協議が広がっていきました（青木 2018，66〜67 頁）．また，1985 年にはジュネーブ軍縮会議で，宇宙空間における軍備競争の防止（PAROS）の議論が始まりました．

宇宙開発の主要な分野のうち，放送と地球観測に関しては，国連総会で 1982 年に「直接放送衛星原則」，1986 年に「リモートセンシング原則」（いずれも COPUOS 法小委起草）が採択されました[28]．直接放送衛星原則，リモートセンシング原則の起草の過程では，それぞれ受信国，被探査国の権利（情報主権）が論点となりました．直接放送衛星原則は，情報主権に関する考え方に折り合いがつかず，国連総会では日米を含む西側諸国が反対票を投じました（青木 2006，81〜86 頁）．他方，リモートセンシング原則はコンセンサス（議場の総意）で採択され，地球環境の保護の促進と自然災害からの人類の保護の促進という，現在の地球環境監視や国際災害監視の枠組みにつながる原則を確立しました[29]．

1978 年に原子力電源を搭載したソ連の「コスモス」衛星が墜落した事故を受け，議論が続いていた原子力電源の利用に関しては，1992 年に国連総会で

28）これらの文書は，法的拘束力はありませんが，「ソフトロー」と呼ばれ，国際ルールを構成すると考えられています．特に COPUOS 法小委で議論され，国連総会決議として採択された文書が重要ですが，COPUOS 科技小委で作成され，国連総会で支持（エンドース）された技術的文書や，宇宙機関間の行動規範等も，ソフトローになり得ます（青木 2018，32〜34 頁）．

29）青木（2018，75 頁）は，これをリモートセンシング情報国際制度構築の萌芽としています．現在，地球観測の分野では，地球環境把握のためのデータ共有と大規模災害時の無償データ提供に関する国際的な枠組みが構築されています．一方，高分解能画像の取り扱いについては，商業的価値の他，安全保障の問題もあり，国際的に統一的な取り扱いの制度はありません．

「原子力電源利用原則」（COPUOS 法小委起草）が採択され，原子力電源の利用について，それ以外では合理的に行うことができないミッションに制限するなどの原則が定められました．

　1996 年には国連総会で，宇宙開発に関する国際協力について，途上国に特別な考慮を払うことなどを定めた「スペースベネフィット宣言」（COPUOS 法小委起草）が採択されました．

　有人宇宙活動の分野では，ロシアの参加を得て 1998 年に署名された国際宇宙基地協力協定（新 IGA，2001 年発効）の下，ISS の搭乗員が遵守すべきルールとして，2000 年に「搭乗員行動規範」が定められました．

　宇宙ゴミの問題は，1990 年代に入り，COPUOS 科技小委の議題になるとともに，宇宙先進国の宇宙機関で宇宙ゴミ低減のための基準作りが進められました[30]．

ニュースペース／新興宇宙活動国の台頭の中で（2000 年代以降）

　2000 年代以降の世界の宇宙開発は，ニュースペースと呼ばれる新興宇宙企業群の台頭により特徴づけられます．それまでの宇宙企業は，基本的に政府や宇宙機関から契約を受注して，ロケットや衛星の開発・製作を通して，国の宇宙開発を支援する存在でした．他方，ニュースペースは，自らのビジョンとビジネスモデルで宇宙事業を推進します．特に IT 分野で財を成した起業家が，その資産を宇宙事業に投入したことで，もっぱら国の資金で実施されてきた宇宙開発は大いに活性化されました．さらに次節で述べるように，新たなアプローチで宇宙開発を行う国も現れました．

　ニュースペースや新興宇宙活動国の台頭は，世界的に宇宙開発を活性化させる一方で，宇宙ゴミの問題や，宇宙資源開発の是非など，宇宙開発の持続可能性に関する課題を投げかけました．また，人工衛星が日常の生活や軍事活動に必須のインフラになるにつれ，サイバー攻撃に対する懸念，宇宙開発の透明性

30）1993 年には米国が主導して，宇宙機関間の情報交換等のため，国際機関間スペースデブリ調整委員会（IADC）が設立されました．

の確保といった，宇宙の資産に対する安全保障の問題が広く認識されるように
なりました．

　宇宙ゴミに関しては，2002 年に IADC で「IADC スペースデブリ低減ガイド
ライン」が採択されました．2007 年には COPUOS で「COPUOS スペースデブ
リ低減ガイドライン」（科技小委起草）が採択され，国連総会でエンドースされ
ました．宇宙ゴミの問題は，2007 年の中国の対衛星破壊実験（ASAT）や 2009
年の米国とロシアの人工衛星の衝突事故を機に，持続可能な宇宙活動に係る重
大な問題として広く認識されるようになりました．2019 年には宇宙ゴミの監
視や低減を含む持続可能な宇宙活動のための指針として，COPUOS で「宇宙
活動に関する長期持続可能性（LTS）ガイドライン」（科技小委起草）が採択さ
れ，国連総会でエンドースされました．さらに現在，国際的に宇宙交通管理
（STM）に関する議論が行われています．

　また，民間事業者が宇宙資源開発を計画するようになり，宇宙資源の法的位
置づけや宇宙資源開発の国際枠組みに関する議論が活発化しました．米国では
2020 年 4 月の大統領令に基づき，宇宙資源の採取と利用に関する国際枠組み
の検討が進められ，同年 10 月，米国，日本，イギリス，カナダ，オーストラ
リア，イタリア，ルクセンブルク，アラブ首長国連邦が署名して，民生宇宙機
関による月，火星，彗星，小惑星などの宇宙探査の原則（宇宙資源の採取と利
用を含む）を定めた政治的宣言として，「アルテミスアコード（アルテミス合
意）」が発表されました．また，国連では，2021 年に COPUOS 法小委の下に
宇宙資源ワーキンググループが設置されました．

　宇宙開発の法的な枠組みは，宇宙条約を始めとする国際法と，これを補完す
る原則，宣言，勧告，ガイドラインなどのソフトロー，各国の国内法から成り
ます．1967 年に発効した宇宙条約は現在でも国際的な規範として機能してい
ますが，現在の法的な枠組みは，宇宙安全保障や，宇宙資源開発や惑星移住と
いった最新の計画・提案には充分に対応できていません[31]．現在は，宇宙条約

---

31) 国連宇宙空間平和利用暫定委員会の報告書は，当時の科学計画は天体の予備的な探査が
　　見込まれており，人の移住や本格的な資源の開発は近い将来は見込まれないと指摘して

154

で残された宿題に, いよいよ取り掛かる時期だと言うことができるでしょう. 今後も, 安全保障の問題や民間有人宇宙飛行などの宇宙活動の進展に対応して, 国際的な規範やルール作りが続いていくと考えられます[32].

4. これからの宇宙開発の展望

宇宙開発を行うためには, ロケット打ち上げ能力が必須となります. 現在, 米国, ロシア, ヨーロッパ, 日本, 中国, インド, ウクライナ, イスラエル, イランが, ロケットを打ち上げて人工衛星を軌道に投入する能力を有しています.

中国は, ソ連, 米国に次いで, 2003 年に有人宇宙飛行の能力を獲得し, 現在, 独自の宇宙ステーションの建設を進めています. また, 実用衛星については, 通信, 地球観測のほか, 測位システム「北斗」を整備し, 中国の宇宙インフラの国際展開を図っています[33].

インドは, 途上国の宇宙開発として, 通信や地球観測といった実用に力を入れていましたが, 2000 年代以降, 月・火星探査や有人宇宙飛行にも意欲を見せ, 2008 年と 2019 年に月探査機を打ち上げ, 2014 年には火星探査機の火星周回軌道投入に成功しました.

宇宙開発の国際的な規範やルール作りにおいては, こうしたロケット打ち上げ能力を有する国・地域が影響力と発言力を有すると考えられますが, 新たなアプローチで宇宙開発を行う国も現れています. かつて独自のロケット開発を行っていたイギリスは, 現在は商業宇宙活動の促進を中心とした宇宙開発を推

いました (UNGA 1959, p. 69).

32) 2020 年 12 月には国連総会で, 日英等が共同で提案した, 宇宙空間における責任ある行動に関する決議が採択されました. しかし, 2021 年 11 月にはロシアが対衛星破壊実験（ASAT）を実施し, 多数の宇宙ゴミが発生しました.

33) 青木（2021）は, 中国の宇宙活動の戦略と狙いを宇宙外交と宇宙安全保障の観点から論じています.

進しています．ニュージーランドでは，米国の民間打ち上げ事業者が主導して
射場を整備しました．ルクセンブルクは，宇宙資源開発を目指す民間事業者を
支援・誘致しています．アラブ首長国連邦は，石油事業で得られた豊富な資金
力を背景に，火星探査に乗り出しました．

　また，ニュースペースは，これまで考えられてきた宇宙開発の意義を変える
力を持っています．国が行う宇宙開発については，これまで，科学知識の獲得，
技術の実証，経済的な効果，教育的な効果など，様々な意義が主張されてきま
した．しかしながら，ニュースペースは自身のビジョン次第で，抽象的な意義
であっても自由に主張し，活動することができます．そのようなニュースペー
スの登場と活躍は，一般市民の支持を受け，世界の宇宙開発の活性化に寄与し
ています．

　現在の世界の宇宙開発を概括すると，地球周回軌道では，測位衛星を始め，
人工衛星は地上の生活になくてはならないインフラになり，さらに，ラージ・
コンステレーション計画[34]や宇宙旅行などの新たな宇宙活動が展開されていま
すが，同時に，宇宙ゴミ問題の深刻化により，持続可能な宇宙活動に対する懸
念が高まっています．他方，地球周回軌道以遠では，月・火星の有人探査に向
けた計画が進められており，特に月面については，持続可能な有人探査のため，
月の水資源を利用することが検討されています．

　このように，現在の世界の宇宙開発では，「持続可能性」が１つの主要な課
題となっていますが，そのために何が必要となるかは，ステークホルダーに
よって異なります．持続可能な地球周回軌道の活動のためには宇宙ゴミを低減
する必要がありますが，持続可能な商業活動のためには過度な規制は避ける必
要があります．持続可能な有人探査のためには宇宙資源を利用する必要があり
ますが，持続可能な科学探査のためには惑星保護の視点も必要になります．持
続可能な宇宙開発の実現のためには，こうしたステークホルダー間の利害調整

34）多数の小型衛星（計画によっては数千機から数万機）を地球低軌道・中軌道に配備し，
　全球の通信網や地球観測網を構築する計画で，メガ・コンステレーションとも呼ばれま
　す．

156

を行うガバナンスの仕組みや手法が必要になります[35].

　また，世界の宇宙開発の歴史を振り返ると，東西冷戦や南北問題などの地上の問題との相関関係を見ることができます[36]．第二次世界大戦後の東西冷戦の構造は，米国とソ連の宇宙競争をもたらすとともに，アポロ・ソユーズのドッキング計画は緊張緩和の象徴になりました．最近では，2014 年のロシアによるクリミア侵攻の際，制裁措置の応酬の中で，ISS の協力は維持されました．しかしながら，現在，米国が主導するアルテミス合意にロシアと中国は署名しておらず，米国はロシアと中国の宇宙活動への懸念と警戒を強めています．また，国連の直接放送衛星原則，リモートセンシング原則，スペースベネフィット宣言の起草時の議論には，地上の南北問題の反映が見られます．現在の宇宙資源に関する議論においても，途上国への配慮は論点の 1 つになると考えられます．

　宇宙空間には無限の世界が広がりますが，人類が活用できる領域は限られています[37]．それでも無限の可能性を持つこれらの領域を適切に管理し発展させていくには，どのような規範やルールが必要になるのでしょうか．

　地球周回軌道やそれ以遠に人や物を運ぶには，高度な技術と莫大なエネルギーを必要とします．人類は，その技術を獲得して，国費に加え，IT という新たな産業で得られた資金も活用して，宇宙への進出を続けています．

　宇宙への進出は，この本の他のパートで検証されているように「夢」や「ロマン」として語られることがあります．しかし，宇宙に行くにはリスクがあります．次世代の人々も「夢」と「ロマン」を追い続けることができるようにするために，現在の我々は，宇宙に行くことのリスク，宇宙に行くことができなくなることのリスクなど，それぞれのステークホルダーが考えるリスクとベネ

---

35) 城山（2007）は，科学技術が持つ社会的含意とこれを踏まえたガバナンスのあり方を論じています．
36) 鈴木（2011）は，国際政治の舞台として宇宙開発をとらえ，各国の政策的な目的と意図を論じています．
37) 例として，宇宙空間では，電波干渉を避けるため，静止軌道に配置できる人工衛星の数は限られます．なお，情報空間として無限性を有するサイバー空間でも同じことが言え，IP アドレスの枯渇といった問題があります．

フィットを正しく理解して，持続可能な宇宙開発を目指した責任ある行動を取ることが求められます．

　人類はこれから，月や火星に進出するでしょう．しかし，人類がこれからも宇宙開発を続けるためには，宇宙空間の持続可能な開発利用方法を構築することが求められます．そのための規範やルールを考えるためにも，「宇宙開発をみんなで議論する」ことが重要になるのです．

文献

青木節子（2006）『日本の宇宙開発』慶應義塾大学出版会．

青木節子（2018）「宇宙活動の基本ルール」，小塚荘一郎／佐藤雅彦編『宇宙ビジネスのための宇宙法入門〔第 2 版〕』所収，27～92 頁，有斐閣．

青木節子（2021）『中国が宇宙を支配する日——宇宙安保の現代史』新潮新書．

稲田伊彦／斎藤幹雄／富田忠治／吉川一雄（2021）『日本宇宙開発夜話』東京図書出版．

「宇宙の人間学」研究会（2015）『なぜ，人は宇宙をめざすのか』誠文堂新光社．

外務省（1960）『昭和 35 年版わが外交の近況』外務省．

五代富文（1994）『国産ロケット「H-II」宇宙への挑戦』徳間書店．

齋藤成文（1994）『日本宇宙開発物語——国産衛星にかけた先駆者たちの夢〔第 4 版〕』三田出版会．

佐藤靖（2014）『NASA——宇宙開発の 60 年』中公新書．

城山英明（2007）『科学技術ガバナンス』東信堂．

鈴木一人（2011）『宇宙開発と国際政治』岩波書店．

福島康仁（2015）「宇宙の軍事利用における新たな潮流」，『KEIO SFC JOURNAL』15(2)，58～76 頁．

的川泰宣（2013）『しくみがわかる宇宙ロケット——打上げの基礎から，「イプシロン」・「はやぶさ 2」まで』誠文堂新光社．

ロジャー・D・ローニアス（2020）『宇宙探査の歴史』柴田浩一訳，東京堂出版．

渡邉浩崇（2019）「日本の宇宙政策の歴史と現状　自主路線と国際協力」，『国際問題』684，34～43 頁．

Dembling, P. G. and Arons, D. M.（1967）'The evolution of the outer space treaty', *Journal of Air Law and Commerce 33,* archived by University of Nebraska-Lincoln. https://digitalcommons.unl.edu/cgi/viewcontent.cgi?article=1002&context=spacelawdocs（2022 年 3 月 31 日閲覧）

Krige, J. and Russo, A.（2000）*A History of the European Space Agency 1958-1987. Volume I The story of ESRO and ELDO*, 1958-1973, ESA Publications Division.

Krige, J., Russo, A. and Sebesta, L.（2000）*A History of the European Space Agency 1958-1987. Volume II　The story of ESA, 1973 to 1987*, ESA Publications Division.

Reinke, N.（2007）*The History of German Space Policy. Ideas, influences, and interdependence 1923-2002*, Beauchesne Editeur.

Suzuki, K.（2019）*Policy Logics and Institutions of European Space Collaboration*, Routledge.

Trischler, H.（2007）'Auf der Suche nach institutioneller Stabilitat : Luft- und Raumfahrtforschung in der Bundesrepublik Deutschland', in Trischler, H., Schrogl, K.（Hg.）*Ein jahrhundert im Flug. Luft-und Raumfahrtforschung in Deutschland 1907-2007*, S. 195-210, Campus Verlag GmbH.

United Nations General Assembly（UNGA）（1959）'Report of the Ad Hoc Committee on the Peaceful Uses of Outer Space', archived by United Nations Office for Outer Space Affairs. https://digitallibrary.un.org/record/840867?ln=en（2022 年 3 月 31 日閲覧）

（菊地耕一・寺山のり子）

第 IV 部

宇宙開発の意義

はじめに

このパートでは，「なぜ宇宙開発を進めるのか」あるいは「宇宙開発の意義とは何なのか」という点について考えます．

第 I 部で述べたように，「宇宙開発」には多種多様な事業が含まれますが，その中には，地上の人々の生活にとっての利益がわかりやすいものも，そうでないものもあります．特に，遠くの天体に探査機を送り込んだり，月やその先へと人間が旅したりすることが，地上での人々の暮らしに具体的にどんな利益をもたらすかはよくわかりません．これは，コストのかかる宇宙探査や有人宇宙開発を進めていくことを疑問視する理由になります．たとえば，「宇宙開発を進めるよりも，地上の問題の解決を優先すべきだ」とか，あるいは「宇宙開発の中でも社会インフラとなっている人工衛星システムの整備のような，利益のわかりやすい事業に集中すべきだ」，といった意見を抱く人もいます．

こうした意見に対し，「人間に備わった探検衝動のために，私たちは「最後のフロンティア」である宇宙を探査せざるをえない」とか，あるいは「地球に留まる限り人類はいつか絶滅せざるをえないので，私たちは種の存続のために宇宙へ進出しなければならない」，といった大義名分を持ち出して，コストのかかる宇宙探査や有人宇宙開発を正当化しようとする人もよくいます．これらの議論については哲学・倫理学の立場から批判的な議論が行われていますが（呉羽 2019，など），本書では脇に置いておきたいと思います．

このパートでは，市民が宇宙開発のあり方について議論していくための足掛かりを提供するために，「物質的価値」と「文化的価値」の 2 つの面から，宇宙開発の意義について考えます．第 1 章では，特に宇宙資源開発を取り上げて，宇宙開発の物質的価値がどれほど実質的なものなのかを検討します．第 2 章では，宇宙開発の文化的価値がどのように語られてきたかを，政策文書や新聞の社説を手掛かりに探ります．また，SF 作品は私たちの科学技術に関する文化的イメージの形成に大きな役割を果たしていることから，第 2 章の議論を補うためにコラム「宇宙 SF の歴史と現在」を収録しています[1]．

1. 宇宙開発の物質的価値

宇宙にも資源がある

　宇宙開発について考える際に意義やメリットとして言及される話題の1つに，宇宙には資源がある，という物質的価値の話があります．「宇宙船地球号」の喩えにも込められてきたように，地球は体積の面でも質量の面でも有限な天体です．当然そこに含まれる物質の量には上限がありますし，そのうち人類が活用できそうな分はさらに限定されます．そのため，長期的に持続可能な発展のためには循環型経済（サーキュラーエコノミー）を高い水準で達成することが重要だと考えられるようになっています（IDEAS FOR GOOD n.d.）．地球での持続可能性の話だとここで終わりですが，宇宙開発を考える場合，次のように話が続くかもしれません．地球にある資源を可能なかぎり循環的に利用することに加えて，地球の外にある資源も開発できれば人類のさらなる発展が期待できる，と．

　近年の宇宙開発ブームでも，宇宙資源の開発は重要な目的に数えられています．たとえば2010年に設立されたアイスペース社は月面の水資源開発を目標に掲げています[2]．国家も企業をバックアップする動きを見せています．米国やルクセンブルクなどの国は，自国の企業による宇宙資源探索や開発を認める法律をいち早く制定しました．2016年には宇宙資源開発の国際ルールを検討

1）宇宙開発の意義をめぐる議論は，本パートで取り上げるもの以外にも数多くの論点を含んでいます．代表的なものとしてたとえば，
　(1)宇宙開発の政治（国内政策および国際政治）的意義
　(2)宇宙開発と宗教の関係
　(3)宇宙開発がもたらす科学的・教育的インパクト
　(4)宇宙開発と環境意識の関係
などがあります．(1)については青木（2006），(2)については山内（2015），(4)については神崎（2018）などが部分的に取り上げています．また，木下（2009）は人文・社会科学の様々な視点から宇宙開発の意義を探った論集，呉羽他（2018）は宇宙開発の諸事業とそのメリットやデメリットを整理した報告書で，参考になります．
2）https://ispace-inc.com/jpn/（2021年11月20日閲覧）

するハーグ宇宙資源ガバナンスワーキンググループも発足しています．2020年には日本でも超党派の議員連盟「宇宙基本法フォローアップ議員協議会」により「宇宙資源の探査及び開発に関する事業活動の促進に関する法律案」がまとめられ，2021年に成立しました（通称宇宙資源法）．

　この章ではこうした宇宙開発の物質的価値について説明します．宇宙開発として宇宙太陽光発電のような（物質というよりエネルギーに関する）資源開発も検討されていますが，そうした話題は本章では扱いません．また，宇宙資源の所有権の話題についてはコラム「宇宙開発のための国内外のルール」にまかせることとして，ここでは扱いません．宇宙資源開発に関してはコラム「宇宙ビジネス」，および第II部の「宇宙の資源開発」でも話題とされていますので，それらも参照してください．

宇宙資源について考えるための準備

　ここまで宇宙資源と一まとめに述べてきましたが，宇宙開発の意義を検討する際には議論のためにいくつかの区別を導入しておくと，話がわかりやすくなります．この項では，開発の対象となる天体による区別と，資源の存在場所や使用場所による区別を導入します．まず後者から説明しましょう．

宇宙資源とは

　まず，地球の外にある資源と地球の外で使われる資源という区別について考えてみましょう．「宇宙資源」に「地球の外にある資源」が含まれるのは明らかです．たとえば月面で採掘された資源は間違いなく宇宙資源といえます．月で開発された資源は，(1)そのまま月面での活動で利用する，(2)月よりも遠くの宇宙を開発するために利用する，(3)地球に持ち帰って利用する，といった使い方が想定されています．「地球で使われる資源」も宇宙資源に含まれるわけです．

　また「地球の外で使われる資源」には地球の資源も含まれます．たとえば月面開発に使われる機材は（少なくとも初期には）地球から持ち込まれるでしょうし，機材を月面に投入するために必要なエネルギーにも地球にある資源が使われることになります．こうした資源を宇宙資源と呼ぶことには違和感がある

でしょうし，本章でも宇宙資源には含めませんが，宇宙開発をその物質的価値から考える際には，そのために投入される「地球にある資源」という視点も考慮する必要があります．限りある地球資源を投入するに見合う宇宙資源のリターンが得られるか，という論点です[3]．

開発の対象となる天体

資源が存在しているというだけではなく，その資源が利用可能あるいは利用しやすいものでなければ（少なくとも，そう思わなければ），資源開発の現実的な対象とはなりません．宇宙資源の場合，現在私たちが居住している地球からの距離と輸送に必要なエネルギーが，利用可能性の重要な要因となります．実際に検討されている開発計画などを見るかぎり月，小惑星，その他の天体と分けて議論がなされているようなので，この章でもこの区別に従います．

地球の衛星である月は最も短期的な宇宙資源開発の対象です．米国が主導し，日本，ヨーロッパ，カナダ，オーストラリアなどが参加する「アルテミス計画」[4]も，月を当面のターゲットとするものです．また 2020 年 12 月には中国の無人探査機「嫦娥 5 号」が月からサンプルを持ち帰ることに成功しています．

既に言及しましたが，月に期待されている資源の 1 つは水です（Chou & Hawkes 2020）．水はそれ自体として重要ですが，分解すれば酸素と水素を得ることができます．月には水以外にも，レゴリス（月の砂），ヘリウム 3，鉄などの鉱物などが利用可能な資源として期待されています．

小惑星についてはレアメタルの採掘などが検討されています．「はやぶさ」によるイトカワからのサンプル採取や，「はやぶさ 2」によるリュウグウからのサンプル採取などの探査が実際に行われてきていることは，よく知られていると思います．また今後も NASA の探査機「オサイリス・レックス」[5]による小惑星ベンヌからのサンプル採取などが予定されています．小惑星の一部については経済的価値の評価も行われており，リュウグウが経済的価値の大きい小

3）これは第 I 部で言及されている，税金の投入に対する納税者というステークホルダーの観点からの検討とは区別されるべき，また別の論点です．

4）https://www.nasa.gov/artemisprogram（2021 年 11 月 21 日閲覧）

5）https://www.nasa.gov/osiris-rex（2021 年 11 月 21 日閲覧）

惑星と評価されていたりします[6]．また，小惑星に関しては水資源としての期待もあります．

　月や小惑星に続く可能性としては火星が考えられています（重力の問題などから，資源のその場での利用のみが検討されています）．先述のアルテミス計画では月を中継点として火星に到達することも目的に挙げられています．2021年2月にはアラブ首長国連邦の探査機「ホープ」と中国の探査機「天問1号」が火星の周回軌道に投入され，米国の探査車「パーサヴィアランス」が火星のクレーターに着陸しました．JAXAもフォボスとダイモスという火星の2つの衛星からのサンプル採取を目的とする火星衛星探査計画（MMX）において，2020年代前半での探査機打ち上げを目指すとしています[7]．これらは必ずしも資源開発を目的としたものではありませんが，その前提となる情報は得られるでしょう．火星以外のその他の天体については，さらに遠い可能性の話です．

宇宙資源はどのように／どれくらい役に立つか

　この項では前項で導入した区別に基づいて，宇宙資源の想定されている利用法を確認します．

地球の外にある資源を，地球の外で使う

　ここに含まれる利用法には，資源を採取した場所での活動に用いる場合と，より遠くの天体に到達するために用いる場合が含まれます．ここでは月の資源の場合で考えてみましょう．

　人類の宇宙における活動拠点はまず月周回有人拠点「ゲートウェイ」，それから月面基地，という形で実現されるでしょう．月面にある程度の規模の拠点を作るなら，その材料をできる限り現地で調達するのが運搬コストなどの面から望ましいです．月面に豊富に存在するレゴリスを原材料として，ブロックにしたり，3Dプリンタで利用したりして，構造物を作ることが研究されていま

---

6) https://www.asterank.com（2021年11月21日閲覧）．ただし，この評価自体の信頼性は疑問視されています．

7) https://www.isas.jaxa.jp/missions/spacecraft/developing/mmx.html（2021年11月20日閲覧）

す．月面での活動がある程度軌道に乗れば，鉄なども使用できるようになるか
もしれません．また，レゴリスの構成元素には地球の土壌との類似性があると
され，月面での食糧生産のための利用も研究されています（月面農場ワーキン
ググループ 2019，71 頁）．

　次に月を中継点としてさらに遠くの天体などを目指す場合を考えてみましょ
う．水が利用できれば，水素と酸素に分解して推進剤として利用することがで
きます．この点については，以下のような説明がなされています．

　　ロケットの推進剤として優れる水素は，今後も地上からの打上げに利用され
　　続けるであろう．また，将来の月・惑星探査においては，現地製造した推進
　　剤を宇宙機に再補給する技術が必要とされており，月・惑星に水が豊富に存
　　在し利用できるという前提で，水素・酸素の製造と利用が世界各国で真剣に
　　検討されている．水があまり存在しないと判明した場合においても，豊富に
　　存在する酸化物（月においては酸化アルミ，火星においては二酸化炭素など）を
　　還元し，酸素を製造するために必要な水素は重要資源となり，水素を中核と
　　する物質・エネルギーの利用サイクルが形成されると予想される．（小林
　　2019，2 頁）

地球の外にある資源を，地球で使う

　小惑星には水や鉄やレアメタルなどが含まれていると考えられています．レ
アメタルは，日本では鉱業審議会において「「地球上の存在量が稀であるか，
技術的・経済的な理由で抽出困難な金属」のうち，工業需要が現に存在する
（今後見込まれる）ため，安定供給の確保が政策的に重要であるもの」と定義さ
れ，31 種類が指定されています（経済産業省 2014，1 頁）．そこにはリチウム，
チタン，パラジウムなどが含まれます．IT 製品などの製造業に必須であるこ
とから，既に存在する製造物という「都市鉱山」からの資源の回収なども取り
組まれています．したがって，地球の外からレアメタルを確保できれば，大き
な価値があります．それに加えて，地球上での採掘が不要になれば，採掘に伴
う環境負荷（岡部・野瀬 2013）も避けることができます．これは地球環境の持
続可能性にとって小さくない点です．

166

また，月に大量に豊富に存在すると予想されるヘリウム3は核融合炉に使用することができますが，これは他の核技術に比べて安全でクリーンだとされています．十分な量を地球に運ぶことができれば，エネルギー問題が解消されるかもしれません．

物質的価値は宇宙開発を支持する根拠となるだろうか

これらの宇宙資源の利用は，まだ実証されたものではありません．もちろん開発には実証段階が含まれるので，未実証であるからといって開発の意義が否定されるわけではありません．むしろ実証するためにこそ宇宙開発に取り組む必要があるのだと主張されるでしょう．この主張には一定の説得力があります．

しかし，本書の他の箇所で論じられている学術的価値や文化的価値やロマンとは違い，物質的価値は開発に投入される資源やコストとの直接的な差し引きで評価されるべきものです．他の価値とは違って失敗から得られるものもありません．このことを念頭に置きつつ，いくつかの論点を検討してみましょう．

まず技術的な問題があります．レアメタルを採取するために小惑星あるいはその一部を地球の近くに安全に持ってくることが，可能になることがあるとすればそれはいつごろでしょうか．ヘリウム3を月で採掘して地球に運ぶことができるようになったとして，核融合炉が商用レベルで稼動するのはいつごろでしょうか．

これらの技術的な問題は経済的な問題にも関連しています．レアメタルの定義をもう一度見てもらいたいのですが，この章で扱ってきたような資源は物質的存在であると同時に経済的存在でもあります．どれだけ量があっても，採掘コストや運搬コストに見合わなければ資源として価値がありません．月に利用可能な水があったとしても，それを地球に運んで利用しようとはならないでしょう．もちろん日夜行われている技術開発が徐々にコストを下げていくとは考えられます．にもかかわらず，資源としての利用が成り立つ現実的な見通しはまだ示されていません．

また，ここでいう経済には金銭的な収支だけでなく，資源獲得のために投入される物質の観点からの収支も含めて考える必要があることに注意してくださ

い．スペース X 社がロケットの再利用打ち上げの実績を積み重ねているなど，この点でも着実な技術的改善の積み重ねはあります．でも現状では見通しがあるとまではいえないでしょう．私たちは可能性の話しか手にしていないのです．

　ここで，見通しを得るためにも開発が必要なのであり，いずれ解決法も得られるだろうという主張[8]に対して，どういうスタンスをとるか．これは読者のみなさんの間でも見解が分かれる問題ではないかと思います．この十年ほどの宇宙開発の進展を考えれば説得力がある主張だ，と考える人もいるでしょう．反対に，プラネタリーリソーシズ社やディープスペースインダストリー社といったスタートアップ企業が既に退場していった（Abrahamian 2019）ことなどから，それほど楽観的には考えられないと思う人もいるかもしれません．

　また人類の宇宙進出それ自体には意義を認めない人は，地球の外にある資源を地球の外で利用することに物質的価値を感じないかもしれません．この場合，宇宙開発は地球上での省資源技術やサーキュラーエコノミーの開発と，その有効性の点で比較されることになるでしょう．

　最後にもう 1 つ考えておくべき問題として，これだけ見通しが不明瞭なままであるのにもかかわらず，なぜ物質的価値が宇宙開発の意義として論じられるのか，という疑問があります．この疑問に対する 1 つの答えは，実は意義があるのは物質的価値そのものというよりは，物質などに対する権利（を確保すること）の価値だと考えることではないかと思います．

　この章では宇宙資源について，その物質的価値を論じる際に，あたかも人類の共有資源であるかのように論じてきました．しかし企業や国家の所有権や財産権が話に入ってくると，単なる物質的価値の話には留まらなくなります．それらの話については本書の他の箇所で確認してみてください．

　ここで考えていただきたいのは，（本書全体のテーマがそうであるように）宇宙開発について市民というステークホルダーの立場から考えようとする場合に，

8）関連する問題として，（見通しが立っていなくても）「現在の私たちが宇宙開発を行わなければ，将来世代が物質的価値を享受することもありえないのだから，将来世代のために宇宙開発を支持すべき」という主張をどう考えるかという問題があります．私たちは将来世代のことを考えて（世代間倫理に基づいて）そのような義務を負うのでしょうか．

企業や国家の活動に対して，読者のみなさんはそれぞれどのようなスタンスを
とるか，です．特定の国家，たとえば日本の市民としての利害に基づいて宇宙
開発を支持することもできます．それとは違うスタンスから考えることもでき
ます．どう考えますか．

2. 宇宙開発の文化的価値

文化的価値とは

宇宙開発にはしばしば「何のためにやるの？」という疑問が向けられます．
奇妙なことにこの疑問は宇宙開発のことをよく知らない人だけでなく，当の宇
宙開発コミュニティの内部からもしばしば発せられます．このことは宇宙開発
がかかるコストに比して社会にもたらす便益が不明確であることの現れです．
一方で多くの科学者・技術者が人生をかけて宇宙開発に打ち込み，実際に多く
の国がそこに多額の財政支出をしており，それを熱烈に支持する宇宙ファンが
いるということは，無視できない数の人々がそこになんらかの価値を見いだし
ていることを示しています．

経済や安全保障などの狭い意味での実用的な価値とは異なるこの「なんらか
の価値」を，ここではとりあえず文化的価値と呼びます．なお，天文学や素粒
子物理学等の基礎科学における学術的な成果もまた，文化的な価値をもたらす
ものだと考えることができます．しかしこれはあらゆる学術分野において共通
であり，かつこの後見てゆくように宇宙開発には純粋な学術的価値とはやや異
なる価値が見いだされているように思われますので，以下の議論では純粋な学
術的価値は「文化的価値」から除外します[9]．

9）もちろん，学術的価値とここでいう文化的価値はお互いに排反するものではありません．
　なお近年は学術的目的を主にした宇宙科学・宇宙探査プロジェクトにおいても，「宇宙
　科学・宇宙探査のうち大規模なプロジェクトについては，学術のみの目的では実施が困
　難になりつつある面があり，国際協力や産業競争力強化など，多様な政策目的との連携
　など，プロジェクトの企画・立案や選択に当たり，学術コミュニティーと政策担当者と

　実際のところ，少なくとも初期の宇宙開発が社会に大きな文化的インパクトと呼ぶべきものをもたらしたことは明らかであるように思われます．SF を始めとした様々な文学，芸術，エンターテイメント作品の中に宇宙開発が登場しますし[10]，そもそもこの宇宙がどのような場所であるかについての認識は人間の世界観そのものであり，それが人間の「文化」の重要な一部であるということに異論を唱える人は少ないと思います．

　しかしその「文化的価値」が実際にどのようなものであったのか，そしてそのような価値はこれからの宇宙開発にも見いだすことができるのかは，自明ではありません．この本の主題である「宇宙開発をみんなで議論」することに資するために，「宇宙の文化的価値」について検討することを目的として，以下では実際の宇宙開発が始まった 20 世紀後半以降の日本の場合に限定し[11]，国の宇宙政策文書と主要な新聞社説において，宇宙の文化的価値がどのように語られてきたかを見てゆきます．国の政策文書を見る理由は，文化的価値が政策の中でどのように位置付けられていたのかを確認するためです．新聞の社説は，宇宙開発が始まった 20 世紀半ば以降の宇宙開発に対する社会の反応のある側面を通時的に見ることが可能な，質の揃ったデータとして用いています．もちろん，日本社会に与えた文化的インパクトを新聞社説だけで代表させることはできません．

宇宙の文化的価値の類型化

　この項では国の主要な宇宙政策文書と新聞社説から，文化的価値に相当すると考えられるものを抜き出して類型化を行い，次の項で通時的変化を検討します．用いた文書は以下です．

　　の十分な検討が必要である」（宇宙基本計画，2013）といった議論がなされています．
10）ただし SF は単に宇宙開発から影響を受けてきただけでなく，SF 的想像力と実際の宇宙開発が相互に影響を与え合ってきたと言えるでしょう（コラム「宇宙 SF の歴史と現在」参照）．
11）古代から近現代までの日本人の宇宙観の変遷をまとめた研究には荒川（2001）があります．

170

宇宙政策文書：

- ・宇宙開発政策大綱（宇宙開発委員会，1978 年，1984 年，1989 年，1996 年）
- ・我が国の宇宙開発の中長期戦略（宇宙開発委員会，2000 年）[12]
- ・宇宙基本法（2008 年制定）
- ・宇宙基本計画（2009 年，2013 年，2015 年版は宇宙開発戦略本部決定，2016 年，2020 年版は閣議決定）[13]

新聞社説：朝日新聞および読売新聞のデジタルデータベースから「宇宙開発」をキーワードに社説を抜き出し，科学技術一般や安全保障などの文脈で宇宙開発に言及があるものの宇宙開発が主たるテーマでないものを除きました．朝日新聞は 1959 年から，読売新聞が 1957 年からで，2017 年末までにそれぞれ 163 件と 183 件の社説が該当します．この 2 紙を選んだのは，1950 年代以降の記事データベースが整備されているためです．

結論から述べると，政策文書と新聞社説で宇宙の文化的価値を語る言説の語彙やパターンに目立った違いはなく，おおまかに以下の 5 つに類型化することができました．

1　夢・ロマン

宇宙開発が「人類の宇宙への夢」を実現するために行われなければいけないと，日本の宇宙開発の基本を定めた宇宙基本法の第 5 条に書かれています．このような意味で法律に「夢」という言葉が出てくるのは異例のことだと思います．宇宙が人類にとっての「夢」であるというフレーズは，政策文書，社説ともに宇宙の文化的価値を語る言説の中でもっとも頻出するものです．宇宙開発にはロマンがある，という言説も同類のものと考えられます．

2　フロンティア拡大

「夢」についで頻出するのが，宇宙が人類の残された「フロンティア」であ

---

12)「宇宙開発政策大綱に代わるもの」として宇宙開発委員会がとりまとめたものです．
13) 宇宙基本計画は宇宙基本法で作成することが決められたものです．なお 2016 年版は 2015 年版と内容は同じです．

るというフレーズです．これに近いものは様々なバージョンがあり，「宇宙開発は，コロンブスの大陸発見以上のできごと」（読売，1967）などと大航海時代になぞらえるものや，「生命が地球に誕生して以来，海から陸へ，陸から空へとその活動領域を拡大してきた．生命の進化の延長線上にある我々人類は，今や科学技術を駆使し，その活動領域を宇宙へと拡大しつつある」（宇宙開発政策大綱，1996）などと生命の歴史の中に位置付けるものなどがあります．また「宇宙は人間の精神的なフロンティア」（朝日，1996）というものもあります．いずれもフロンティアの開拓，あるいは生存圏の拡大とは目指すべきものである，ということが当然の前提となっており，なぜそれが必要かという議論を伴わないことが多いです[14]．

3　地球を省みる視点

地球の大切さや地球上の様々な問題に気づかせてくれるというのも，夢やフロンティアと同程度に頻出する宇宙開発の価値です．夢やフロンティアが地球から宇宙を見つめる視点だとすれば，これは宇宙へ出ていってから地球を振り向く視点だということができるでしょう．「地球を外からながめることによって，人類という概念に実感を与え，また，地球という星の美しさ，豊かさを訴えて，人々の世界観や人生観にも新しい観点を与えた」（読売，1969），「地球の有限性，人類共生の必要性といった意識を高めるという観点からも役に立ってきました」（我が国の宇宙開発の中長期戦略）．

4　知的好奇心，人材育成

宇宙開発が知的好奇心や科学への関心を喚起し，特に子どもたちや若者に刺激を与えるといったものです．広い意味での教育的価値ということができます．「私たちの心のなかにある未知へのあこがれというか，知的好奇心が刺激される」（朝日，1980），「明日の社会を築く子どもたちに夢とロマンを与える」（宇宙開発政策大綱，1984）．

---

14) 地球における資源問題や人口問題の解決が宇宙への生存圏の拡大の目的として語られることもあります．この場合は文化的価値というよりは物質的価値と見なすことができます．

5 国際協力のシンボル

宇宙開発の国際協力の重要性は，政策文書でも社説でも繰り返し協調されていますが，ここで「文化的価値」に分類しているのは，宇宙開発のために国際協力が重要であるというロジックのものではなく，「人間を送ることは，国際協調のシンボルとしての意味をもつはずだ」（朝日，1997）などといった，国際協力のためのシンボリックな事業として宇宙開発が役立っているというものです．なお近年はこれに近い宇宙開発の意義として「国際的なプレゼンス」という言葉が，特に政策文書において見られるようになっています．例えば「国際協働を進めることで我が国のプレゼンスの向上に貢献する」（宇宙基本計画，2020）など．これは文化的価値というよりは地政学的な狙いと取るのが適切だと思われます．

次項では，これらの文化的価値の語られ方が時代とともにどのように変化してきたかを見てゆきます．

宇宙の文化的価値の語られ方の変化

政策文書

政策文書においては，これらの文化的価値の記述は，宇宙開発の具体的な事業に結びつけられて語られることはほとんどなく，ほとんどの場合序文や全体的な宇宙開発の意義を説明する章に現れます．文化的価値が具体的な事業と結びつけられて現れるのは主に有人宇宙開発についてであり，たまに宇宙科学の場合もありますがその場合は学術的な意義と混ざった形で語られます．文化的価値の語彙や内容に大きな時間的変化はありませんが，明らかな傾向として近年はその量が激減しています．例えば宇宙開発政策大綱に相当する文書である2000年の「我が国の宇宙開発の中長期戦略」では，全34ページ中「文化的意義」に関する記述は計14箇所あります．これに対し，現行の2020年度版の宇宙基本計画および実質的に1つ前にあたる2015年版の宇宙基本計画では，文化的インパクトに相当する記述はないに等しいです（2013年版でかろうじて「フロンティア」という言葉が残されています）．

　ただし，日本の宇宙政策から文化的価値に言及する言葉が消えてしまったわけではありません．2019 年に米国主導の深宇宙探査計画への参加を表明した際の安倍晋三首相（当時）のツイッターへの投稿[15]には，「アポロ 11 号によって，人類が初めて月面に大きな一歩を記してから半世紀．アポロ計画は，全世界の若者に，夢と希望を与えるものでした．我が国も，米国をはじめ，幅広い国際協力のもと，人類の新たなフロンティアの拡大に貢献してまいります」とありました．実際の政策決定において「若者に，夢と希望を与え」たり「人類の新たなフロンティアの拡大に貢献」したりすることが強い動機になったとは考えにくいでしょう．しかし，発信の中でこうした表現が使われるということは，少なくとも宇宙政策への世論の同意を取り付ける上ではこうした文化的価値が重視されているということを意味しているように思われます．

新聞社説

　図 IV-1 と図 IV-2 は，それぞれ朝日新聞と読売新聞の宇宙開発を主なテーマにした社説の件数の年変化を示しています．朝日新聞には明らかに 3 つのピークを見てとることができます．これに対し読売新聞の方は 3 番目のピークははっきりしていませんが，1 つめと 2 つめのピークは朝日新聞とほぼ同じ時

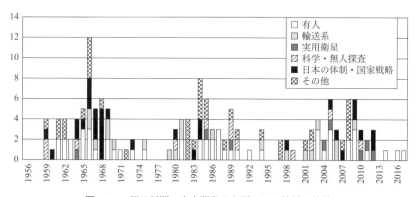

図 IV-1　朝日新聞の宇宙開発を主題とした社説の件数

15）2019 年 10 月 18 日の投稿．https://twitter.com/AbeShinzo/status/1185039719798689793（2022 年 5 月 5 日閲覧）

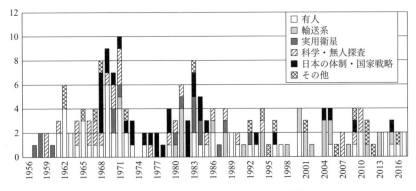

図 IV-2　読売新聞の宇宙開発を主題とした社説の件数

期にあります．1つめのピークは，「アポロ11号」の月面着陸（1969年）や日本初の人工衛星の打ち上げ（1970年）など，初期の宇宙開発が最も盛りあがりを見せていた時期に相当します．2つめのピークは，米国におけるスペースシャトルの登場（1981年）や当時のレーガン大統領による恒久的宇宙ステーション計画の発表，日本においても実用衛星の開発が盛んになってきたこと，また世界的な宇宙の軍事利用の拡大とそれに対する懸念の高まりなど，宇宙開発が注目を集める複数の要因が重なっていたようです．朝日新聞の方にピークがみられる2000年代後半は，宇宙基本法の制定（2008年）など日本の宇宙政策の転換期であった他，中国の宇宙開発も何度か取り上げられています．両紙の論調でもっとも違いが目立つのは宇宙の軍事利用に対するスタンスですが，それは本章の射程外なのでおいておくと，共通するおおまかな論調の傾向があります．まず日本が本格的な宇宙開発のプレイヤーになる前，米ソの宇宙競争が中心だった1950〜1960年代には，冷戦を背景にした軍事的な緊張の高まりに懸念を表明して国際協力を呼びかけつつも，宇宙進出は国を超えた「人類」のなし得た偉業だとして讃える論調が目立ちます．例えばアポロ11号の月着陸成功の翌日である1969年7月22日の社説には以下のように綴られています．

　その一瞬を三十数万キロの宇宙空間を伝わってきた電波によって，地上の数億人の人間が同時に見たのである（中略）人類の月着陸の意味は何か，そん

なことよりも，テレビの画面につぎつぎ現われる新しい情景に引きつけられたのも当然だろう（読売新聞）

人類の月面到達実現という強い共通の関心が，そうした威信競争の感覚をうすれさせ，かき消してしまったかに見える．各国の人々は，宇宙飛行士を"人類の代表"として理解し，月着陸を人類の偉大な成功として受け取っている（朝日新聞）

これに続く 1970 年代から 1980 年代半ばにかけては，通信衛星等の宇宙の実利用が進んだこと，そして日本においても国産のロケット・衛星の打ち上げが続くようになったことから，宇宙先進国としての日本の宇宙政策のあり方を論じる社説が急増します．興味深いのはこの時期から，夢やフロンティア，地球を省みる視点といった宇宙開発の文化的価値について語る言説が，スペースシャトルなどの有人宇宙開発よりも，ボイジャーやバイキングなど，月以遠の深宇宙探査に対して，より屈託なく語られるようになってきたことです．たとえば米国の火星探査機「バイキング 1 号」が火星に着陸した直後，1976 年 7 月 22 日の読売新聞には

このような未知の世界への飽くことのない探求心が，自然科学を進歩させ，人類の文明を築く原動力となってきたといえる．この意味で，米ソの惑星探査の意義は極めて大きなものがある

とあり，「ボイジャー 1 号」が土星に接近した 1980 年 11 月 18 日の朝日新聞には

私たちは壮大な宇宙のロマンに酔わされた．こうしたニュースに胸がときめくのは，私たちの心のなかにある未知へのあこがれというか，知的好奇心が刺激されるからであろう

とあります．これらの社説は文化的価値の観点から宇宙開発に対し好意的な論調に貫かれています．これに対しこの時期の有人宇宙開発についての社説は，朝日新聞と読売新聞で若干の温度差や視点の違いはあるものの，

　各国が宇宙実験に熱を上げるのは，単なる科学的探究心からだけではない．宇宙という無重力の世界が，次の技術革新を生む舞台として，大きく期待されるからである（1983 年 12 月 1 日読売新聞，スペースシャトルに乗る日本人飛行士募集開始）

　科学者たちが知恵を出しあい，人類の幸福のために全く未知の世界に挑戦しようとしているところへ，軍部が割り込んでくるというのは，やはり異様に映る（1987 年 2 月 11 日朝日新聞，米国の宇宙基地計画）

というように，経済性・実用性への期待・要望や軍事利用への懸念が，文化的価値と合わせて語られるようになってきます．

　日本がバブル経済に沸き，かつ貿易摩擦に悩んでいた 1980 年代末の一時期には，経済力を背景にして以下のような自信に溢れた言葉が並びます．

　日本の多くの技術が世界の最前線に来てしまった今日，先進各国が宇宙空間で成果を上げるのを横目で見て，利潤追求の機会をねらう，という態度はもはや許されない状況になっている．確かに宇宙開発は目先の利益にはつながりそうもない．だが，宇宙空間を平和な目的のために開拓することは，貿易による稼ぎすぎを非難されている日本が，その利潤を世界に還元する一つの方法である（1989 年 5 月 29 日朝日新聞）

　日本が，いかなる哲学に基づいて宇宙に進出しようとしているのかは，国際社会が知りたがっている情報でもある（1989 年 6 月 29 日読売新聞）

残念ながらこの時期は長くは続きません．日本経済が低迷を始める一方，中国やインドなど宇宙新興国やニュースペースと呼ばれる民間主導の宇宙開発が活発化する 1990 年代後半以降は，日本の相対的な地位が下がってゆくことの焦りを感じさせるような「日本の得意分野を活かし」「小粒でもきらりと光る計画」「選択と集中」「日本の存在感を」といった表現が目に付くようになります．夢やフロンティアといった文化的価値を語る言葉は引きつづき登場しますが，政策文書と同じようにその頻度は減っているようです．

文化的価値の語られ方のまとめ

　政策文書と新聞社説を用いた宇宙開発の文化的価値の語られ方をもう一度まとめておきます．まず宇宙の文化的価値として語られる内容は，夢，フロンティア拡大，地球を省みる視点，人材育成，国際協力のシンボルの5つに類型化することができました．これらの内容は，政策文書と新聞社説で大きく異なることはなく，より重要なことには，宇宙開発が始まってから半世紀以上の間ほとんど変わっていません．ただし宇宙開発がより身近で実用的なものになってきた近年では，少なくともこれらの文書では文化的価値が語られることは少なくなってきています．また興味深い点として新聞社説では，宇宙開発の初期（1950〜1960 年代）には主に有人宇宙開発に伴って文化的価値が語られていたのに対し，1970〜1980 年代以降は，無人の惑星探査など，より遠くに行く深宇宙探査に伴って文化的価値がより強調されるようになり，有人宇宙開発は巨額のコストや軍事化の懸念と共に語られるようになっています．

21 世紀の宇宙開発の文化的価値

　最後に，現在と将来の宇宙開発にも文化的価値はあるのか？，あるとしたらどのようなものか？，ということを考えていきたいと思います．

宇宙は身近になりすぎた？

　宇宙開発の文化的インパクトは文化コンテンツ，中でも宇宙を題材にしたSF 作品に反映されていると考えられます．それを通時的・網羅的に取りあげるのは筆者の手に余りますが，本書のコラム「宇宙 SF の歴史と現在」やそこで引用されている文献を参照してください．ここではいくつかの先行研究に基づいて，21 世紀の SF 作品において，宇宙がかつてのような奔放で自由な想像力が展開される場ではなく，現実的な日常生活の延長と見なされているようになっていることを確認してゆきたいと思います．

　映画研究者の T. Ballhausen（2010）は 1902 年から 2007 年までに公開された「人間が宇宙へ行く」SF 映画 90 点を分析し，行き先までの平均距離の年次変化をグラフに示しました．それを見ると，宇宙旅行の行き先は 60 年代後半以降急激に延びています．論文に詳しい説明はありませんが，70 年代から 80 年

代にかけては平均距離がおよそ 3×10^9 km 程度になっており，これは大雑把には太陽系程度の大きさですから，つまりこの時期には行き先が太陽系外にまで拡がる映画が作られていることを示していると考えられます．しかし 90 年代には平均距離は急激に減少し，再び地球近傍やせいぜい火星程度の映画が主流になっていることを示唆しています．

　文芸評論家の藤田直哉（2017）によれば，20 世紀の宇宙 SF は「ロマンと夢が溢れ」，「進歩への期待と裏返しの恐怖の投影」がされ，「想像力が奔放」で，「外部，外側に関心が強い」といった特徴があります．これに対して 21 世紀は「内向き」かつ「実用的」で，「夢やロマンの対象ではない」傾向があり，宇宙を舞台にしていても，そこで強調して描かれるのは「宇宙そのものよりも人間の争い」や「地球や人間に帰って来ることの強調」であったりします．また，20 世紀には核戦争への不安を伴う冷戦下の世界における大衆の想像力が投影されていた宇宙人の表象が，21 世紀になると現実との結びつきが失われ，宇宙人グレイの「かわいい」アイテムのように記号化されたキャラクターと化してしまいます（藤田 2019）．

　文化人類学者の岡田浩樹は，教鞭を執る神戸大学国際文化学部の講義「宇宙文化学」の受講生のレポートが，「科学を超えた想像力を広げてくれる」ようなものではなく，「現実的」すなわち「現在の社会の延長上でしか捉えることができ」ないものに矮小化されてしまっていると書いています（岡田 2014）．このことに宇宙開発の関係者自身も自覚的であることは，たとえば古川聡宇宙飛行士の書籍のタイトルにある「宇宙に出張」にも端的に表れています（古川他 2013）．

　古市憲寿（2014）は「1969 年に世界中が熱狂したアポロの夢は，ずいぶんと懐かしいものになってしまった．しかし別の夢を探すことができない僕らは，きっとまだその夢の想像力に縛られている」と，20 世紀の発想から抜け出すことができていない宇宙コミュニティを批判しています．実際，「フロンティア」「地球を省みる視点」といった 20 世紀における宇宙の文化的価値は，皮肉なことに宇宙開発が進んで宇宙が身近になるにつれ，その魅力を失ってしまっているのかもしれません．

これからの宇宙開発の文化的価値

　藤田は，火星を探査するローバーが火星上の自分の写真を取って地球へ転送することを「人類は火星にまで行って自撮りする」と表現しました（藤田2017）．本章を執筆している 2021 年 2 月現在，米国の火星探査車パーサヴィアランスが火星への着陸を成功させました．その様子はインターネットで中継され，着陸直後から撮影した写真や動画は，パーサヴィアランス自身を擬人化した SNS のアカウントで世界中に共有されています．NASA はホームページで，人物や動物の写真をアップロードすると，その写真に写っている者が火星の大地に立っているかのような写真を合成するサイト[16]を開設しており，多くの人が自分やペットが火星にいる風景を SNS にアップして楽しんでいます．

　これは 20 世紀的な宇宙の文化的価値からすれば「矮小化」とも言えますが，ある意味で宇宙が特別な場所ではなく，海外旅行先の SNS 映えスポットのように消費されるコンテンツとして，文化的かつ商業的な価値を生み出すようになってきたとも言えます．実際に，エンターテイメント分野での宇宙を活用しようとする企業や団体がいくつか出てきています．直近の未来における宇宙開発の文化的価値は，恐らくこのように大衆化，商業化されることにより新しく創造されるものになると考えられます．

　その一方で，中長期的には，宇宙へ行くことによる人類文明への大きなインパクトが今も考えられていることも事実です．スペース X 社を率いるイーロン・マスクのものを筆頭に，火星に人類を大規模に移住させる計画がいくつか検討されていますが，そのような中長期的な移住は生命や人間の工学的な改変を伴い，人間と人間でないものの境界を揺らがすような，ポストヒューマン的な問題になり得ることが指摘されています（磯部 2014, 2017, 稲葉 2016, 2019）．SF の設定としては目新しいものではありませんが，それが完全なフィクションの世界ではなく，予見可能な将来に起こりえる一定の蓋然性をもった問題として考えられるようになってきたのが，20 世紀までと大きく違うところです．ファインアートの世界でも，そのような宇宙へ行くことの身体変容に着想を得

16）https://mars.nasa.gov/mars2020/participate/photo-booth/（2022 年 1 月 14 日閲覧）

た作品が制作されています[17]．この方向性での宇宙の文化的価値（あるいは文化的インパクト）は，生命工学，ロボット工学，人工知能など，人間の変容にかかわる他の科学技術との関連で見いだされてゆくことになるでしょう．

　最後に，米国を中心とした最近の注目すべき潮流を紹介します．米国といえば，宇宙開発の文化的価値でもある「フロンティア」精神を体現する国ですが，宇宙開発をかつてのフロンティア開拓になぞらえる考え方が，土地を収奪し，先住民を迫害し，環境も人も搾取の対象と見なした植民地主義を体現するものとして批判する声は以前からありました．当の宇宙コミュニティの内部からも，この「フロンティア」という考え方を使わずに，人も自然も搾取しない，真の意味での「みんなのためになる」宇宙開発を目指そうという声があがってきています（Trevino 2020, Smiles 2020）．近い将来に人類が到達できる範囲に「先住民」と見なされるような知的生命がいる可能性はほとんどありません．しかし，かつての植民地支配と同じ思想で宇宙開発をするならば，そのための労働力として連れて行かれる人々の人権はないがしろにされてしまうかもしれません（杉本 2018）．

　宇宙条約の第 1 条には

> 月その他の天体を含む宇宙空間の探査及び利用は，すべての国の利益のために，その経済的又は科学的発展の程度にかかわりなく行われるものであり，全人類に認められる活動分野である

とあります．しかし現実には，宇宙へアクセスする技術と資金を持つプレイヤーは限られています．また，月面や火星の宇宙コロニーを設計しようとする様々な試みの中で，病気や障がいを持っている人の存在感は希薄です[18]．「植民

---

17) たとえば JAXA/ISS の芸術ミッションとして提案された中原浩大，井上明彦による "ライナスの毛布" や "Hug machine" など．

18) ただし，注目すべき動きとして，ESA では身体障害のある宇宙飛行士の募集を 2021 年に行い，そうした宇宙飛行士が活躍するための技術開発を行うプロジェクトを発足させました．https://www.esa.int/About_Us/Careers_at_ESA/ESA_Astronaut_Selection/Parastronaut_feasibility_project（2022 年 1 月 14 日閲覧）

地主義的でない」宇宙開発を目指そうという動きは，平等や多様性といった現代的な価値観を宇宙開発にも反映させようという試みです．日々アップデートされる現代の価値観を適切に宇宙開発に反映させるためにも，「宇宙開発をみんなで議論する」ことが必要とされていると言えるでしょう．逆に，理想的な未来の宇宙社会を現実的な社会制度のあり方まで含めて構想することが，地球上の社会をよりよくすることにもつながるのであれば，それもまた宇宙開発が生み出した文化的価値と言えるのではないでしょうか．

文献

青木節子（2006）『日本の宇宙戦略』慶應義塾大学出版会．

青木節子（2021）『中国が宇宙を支配する日――宇宙安保の現代史』新潮社．

荒川紘（2001）『日本人の宇宙観――飛鳥から現代まで』紀伊國屋書店．

磯部洋明（2014）「天文学者から人類学への問いかけ――人類は宇宙をかき乱すのか？」，岡田浩樹／木村大治／大村敬一編『宇宙人類学の挑戦』所収，25～53 頁，昭和堂．

磯部洋明（2017）「宇宙の演者か，それとも観察者か」，『現代思想』2017 年 7 月号，216～225 頁．

稲葉振一郎（2016）『宇宙倫理学入門』ナカニシヤ出版．

稲葉振一郎（2019）『銀河帝国は必要か？』ちくまプリマー新書．

岡田浩樹（2014）「「宇宙文化学」連携講義成果――学生レポート実例集」，『宇宙航空研究開発機構研究開発資料 宇宙文化学の創造』JAXA-RM-13-020，17～20 頁．

岡部徹／野瀬勝弘（2013）「レアメタルの供給や需要に関する今後の展望」，『金属』83（11），31～37 頁．

神崎宣次（2018）「宇宙時代における環境倫理学――人類は地球を持続可能にできるのか」，伊勢田哲治／神崎宣次／呉羽真編『宇宙倫理学』所収，113～142 頁，昭和堂．

木下冨雄代表（2009）『宇宙問題への人文・社会科学からのアプローチ』国際高等研究所．

呉羽真（2019）「人が宇宙へ行く意味」，土山明／大野博久／齊藤博英／水村好貴／大塚敏之／山敷庸亮／呉羽真／大野照文『人類はなぜ宇宙へ行くのか』所収，117～136 頁，朝倉書店．

呉羽真／伊勢田哲治／磯部洋明／大庭弘継／近藤圭介／杉本俊介／玉澤春史（2018）将来の宇宙探査・開発・利用がもつ倫理的・法的・社会的含意に関する研究調査報告書．https://www.usss.kyoto-u.ac.jp/wp-content/uploads/2021/02/booklet.pdf（2021 年 11 月 11 日閲覧）

経済産業省（2014）レアメタル・レアアース（リサイクル優先 5 鉱種）の現状．https://www.meti.go.jp/shingikai/sankoshin/sangyo_gijutsu/haikibutsu_recycle/pdf/026_04_00.pdf（2021 年

11 月 20 日閲覧）

月面農場ワーキンググループ（2019）『月面農場ワーキンググループ検討報告書〔第 1 版〕』宇宙航空研究開発機構．https://jaxa.repo.nii.ac.jp/?action=repository_uri&item_id=2797&file_id=31&file_no=1（2021 年 11 月 20 日閲覧）

小林弘明（2019）「宇宙研と水素」，『ISAS ニュース』461，1〜3 頁．https://www.isas.jaxa.jp/outreach/isas_news/files/ISASnews461.pdf（2021 年 11 月 20 日閲覧）

杉本俊介（2018）「宇宙コロニーでの労働者の権利」，伊勢田哲治／神崎宣次／呉羽真編『宇宙倫理学』所収，267〜269 頁，昭和堂．

藤田直哉（2017）「人類は宇宙で自撮りする——二一世紀初頭の大衆的想像力による「宇宙」像」，『現代思想』2017 年 7 月号，238〜245 頁．

藤田直哉（2019）「さよなら宇宙人——かつてあれほど栄えていた「宇宙人」について」，『美術手帖』2019 年 10 月号，86〜91 頁．

古市憲寿（2014）「2014 年宇宙の旅」，『g2』15，198 頁．

古川聡／林公代／毎日新聞科学環境部（2013）『宇宙へ「出張」してきます——古川聡の ISS 勤務 167 日』毎日新聞社．

山内志朗（2015）「宇宙時代の宗教と倫理」，「宇宙の人間学」研究会編『なぜ，人は宇宙をめざすのか——「宇宙の人間学」から考える宇宙進出の意味と価値』所収，97〜118 頁，誠文堂新光社．

Abrahamian, A. A.（2019）「小惑星資源採掘バブル崩壊は何を残したのか？」，山口桐子訳，『MIT Technology Review』オンライン記事，2019 年 10 月 18 日．https://www.technologyreview.jp/s/159110/how-the-asteroid-mining-bubble-burst/（2021 年 11 月 20 日閲覧）

Ballhausen, T.（2010）'What's the story, mother? Some thoughts on Science Fiction Film and Space', in L. Codignola and K.-U. Schrogl（ed.）, *Humans in Outer Space–Interdisciplinary Odysseys*, SpringerWienNewYork.

Chou, F. and Hawkes, A.（2020）NASA's SOFIA Discovers Water on Sunlit Surface of Moon. https://www.nasa.gov/press-release/nasa-s-sofia-discovers-water-on-sunlit-surface-of-moon（2021 年 11 月 20 日閲覧）

IDEAS FOR GOOD（n.d.）サーキュラーエコノミー（循環型経済）とは・意味．https://ideasforgood.jp/glossary/circular-economy/（2021 年 11 月 20 日閲覧）

Smiles, D.（2020）'The Settler Logics of（Outer）Space', *Space Society*. https://www.societyandspace.org/articles/the-settler-logics-of-outer-space（2022 年 1 月 14 日閲覧）

Trevino, N. B.（2020）'The Cosmos is Not Finished', Electronic Thesis and Dissertation Repository. 7567. https://ir.lib.uwo.ca/etd/7567（2022 年 1 月 14 日閲覧）

（呉羽真・神崎宣次・磯部洋明）

コラム　宇宙 SF の歴史と現在

　このコラムでは，本文の「宇宙開発の文化的価値」の記述を補う意味で，SF におけ
る宇宙，人類の宇宙進出の扱われ方を歴史的に瞥見します.
　ロケット工学の始祖たるコンスタンチン・ツィオルコフスキー以来，広い意味での
SF，つまりはある程度科学的リアリティに配慮した上で現実には存在しない異世界や
現象，技術などを主題とする（科学的リアリティへの配慮をもってファンタジーやホ
ラーと差別化する）虚構の物語は，時に現実の科学技術に影響を与えてきたことは言
うまでもありません. ツィオルコフスキーの主題である宇宙開発，人類の宇宙進出は
そのわかりやすい例です.
　ただし SF が大衆娯楽としてある程度のマーケットを獲得した 20 世紀前半の米国に
おけるひとつの定型は，孤立した天才の画期的な発明が騒動を巻き起こす，という
マッドサイエンティスト物語であり，初期の宇宙冒険物語においてもその影響力は大
きなものでした. 国家的プロジェクトとして，あくまで組織の力によって行われる散
文的な事業としての宇宙開発を正面から主題化した作品は，ようやく第二次世界大戦
後に現れたといいます（エドモンド・ハミルトン「むこうはどんなところだい？（何
が火星に？）」）.
　初期の SF における舞台としての宇宙，地球外空間・他天体は，しばしばストレー
トなファンタジーである秘境冒険小説の舞台としての秘境・異郷のあたらしいヴァリ
エーション以上のものではありませんでした. あるいはそれらは太陽系大・銀河系大
に拡大された，現実の地球の国際社会のメタファーでした.
　しかし総じていえば 20 世紀 SF において宇宙は，エキゾチックな／あるいは不気味
な外部として，またはそうしたエキゾチックな／不気味な他者で充満した広い空間と
して描かれてきました. 人類の側から宇宙に出ていくのではなく，逆に宇宙から何か
がやってくる場合（H・G・ウェルズ『宇宙戦争』以来の異星人による侵略であると
か，ワイリー＆パーマー『地球最後の日』等の天体衝突だとか）も基本的に同じこと
だったといえましょう. そしてそこで出会う他者とはつまるところ（日本語で言え
ば）宇宙人・異星人，（英語で言えば）Alien，非人類知的生命のことでした. 宇宙技
術とか天体物理的現象などが主題となることももちろんありましたが，どちらかとい
えば何らかの意味で知的な，心のある非地球出自の存在（生命であれ機械であれ）の
方が，宇宙を舞台とした SF の主題としては圧倒的に主流であったと言えます. アイ
ザック・アシモフの「銀河帝国」のように人類しかいない宇宙は，現実の地球の国際
社会のメタファー以上のものにはなりえませんが，E・E・スミスの「レンズマン」の
ように異星人がいればそこにより大きな異化効果が加わり，寓話的なデフォルメもよ
り強烈にできます.
　しかし 20 世紀末以降の SF においては，「銀河系大に拡大された地球の国際社会」

を描くような作品の存在感は、相対的には後退しているように思われます。その理由としては、拙著（稲葉 2016, 2019）においても論じましたように、1 つには、SF がファンタジーと己を差別化する以上、現実の科学的な地球外知性探査（SETI）が一向に実を結ばないこと、さらに宇宙論の発展により、その理由も見えてきたこと、を多少は反映させなければなりません。そして第二に、SF において異質な他者との出会いを表現する方法として、宇宙における異星人というモチーフが特権的なものとは言えなくなったこと、ことにコンピューター・シミュレーションと、そうしたシミュレーションをベースとした人工知能というモチーフの影響力が増したこと、いわゆるサイバーパンクの台頭を反映しています。

宇宙という素材、モチーフが SF において衰退した、とは必ずしも言えませんが、その扱われ方は変わってきています。昔ながらの「異星人でいっぱいの宇宙」は映画『スター・ウォーズ』連作がヒットし続けているようにいまだ健在ですが、そもそも『スター・ウォーズ』が「遠い昔 はるかかなたの銀河系で」とのオープニングクロールから始まることにも示されているように、もはやそこで描かれる宇宙はファンタジーにおける妖精や神々が住まう異世界と本質的には変わらないものとなっています。

他方でよりシリアスな『アポロ 13』『ゼロ・グラヴィティ』『オデッセイ』のような宇宙映画もヒットしていますが、歴史ドキュメンタリーである『アポロ 13』はもとより、『ゼロ・グラヴィティ』『オデッセイ』などは異世界での出来事を物語る古典的な SF というよりは、むしろこの現実世界で近未来に起きても全くおかしくない出来事についての普通のリアリズム物語であるといえましょう。そこで描かれるよりリアルな宇宙は、エキゾチックな／不気味な異世界というより、高山や深海底のような、あくまで現実世界の中の極限環境であり、物語もエキゾチックな他者との出会いではなく、無機的な、心がないゆえに峻厳で無慈悲な自然と人間との対決、極限状況での人間ドラマを基軸としたものになっています。もう少しスケールを広げて恒星間航行に乗り出す『インターステラー』にも異星人は登場せず、むしろ人間の内面のドラマと宇宙論的な仕掛けが重ね合わせられるというアクロバティックな構造がみられます。

娯楽・芸術の主題が人間ドラマに限定されなければならないわけではもちろんありません。純然たる自然現象や新技術の驚異も娯楽・芸術の主題となりえます。ただしその場合はフィクションの形をとるよりもドキュメンタリー、ポピュラー・サイエンスといったノンフィクションの形をとることがむしろ主流であるといえます。フィクション、さらにフィクショナルな物語という形式が有意義となるのは、そうした自然や技術の驚異が人間にもたらす影響、その主観的な経験を主題とする場合です。こうした路線において宇宙の経験の官能、宇宙と人間的実存の衝突を主題とした SF 作品も、英米 SF におけるニュー・ウェーヴの時代にいくつか書かれています。『エイリアン』『遊星からの物体 X』などの SF とホラーのミックスとでもいうべき潮流に、その余燼を垣間見るべきなのかもしれません。ただその路線においても、『スター・ウォーズ』などのスペース・オペラにおいて SF とファンタジーの境界が薄れてきた

ように，合理的説明を必要としない超自然的恐怖を主題とするホラーと，SF との境界は薄れていきました．それに比べると近年における宇宙映画の多くは，すでに見たように，よりリアリズムへの志向を強めているように思われます．

とはいえ『ゼロ・グラヴィティ』『オデッセイ』的なリアリズム宇宙映画が象徴する方向に今後の宇宙 SF が展開していくかと言えば，それは必ずしも定かではありません．現実の宇宙技術，宇宙探査の進展を念頭に置く限り，その主流はあくまでも無人探査機によるものとなることが予想され，人間にとっての極限環境としての宇宙という素材を豊富に提供してくれる可能性はあまり高くありません．

むしろ近年目立つのは，ひとつは日本で編まれたアンソロジー『ワイオミング生まれの宇宙飛行士』，さらにメアリ・ロビネット・コワル『宇宙へ』といった仮想歴史，歴史改変物語としての宇宙 SF です．すなわち何らかの理由で現実の歴史とは異なってしまった可能世界，宇宙開発，人類の宇宙進出が隆盛する別の 20 世紀史を描く作品群です．そこでは宇宙開発は「未来」ではなく「ありえたかもしれない過去」として捉えられています．

もうひとつ目立つのは，上記のようなメタ SF 的な展開ではなく，正面から愚直に現実の宇宙開発のみならず，観測と理論に基づき，百億年・百億光年単位のスケールで展開する宇宙論の研究をも踏まえた，気宇壮大な作品群の出現です．そのような宇宙論的な SF の先駆としては，1930 年代にすでにオラフ・ステープルドン『スター・メイカー』を挙げることができますが，1970 年代初頭には，当時のビッグバン理解と振動宇宙論に基づき，減速できなくなって亜光速のまま，宇宙の終わり＝ビッグクランチを，そして新たな宇宙のビッグバンを超えて飛び続ける宇宙船を描いたポール・アンダースン『タウ・ゼロ』が書かれます．この潮流の代表は，21 世紀に入って上梓され，世界的な話題となった劉慈欣『三体』連作です．

現実の SETI がなかなか成果を上げられず，地球外知的生命が見つからない理由のひとつとして挙げられるのが，時間的距離の問題です．宇宙は空間的に広大であるのみならず時間的にもその歴史が長いため，仮にそこに多数の知的生命が出現したとしても，互いを隔てる空間的距離のみならず時間的懸隔も膨大になるはずです．ここから推論できるのは，仮に途轍もない僥倖で 2 つの知的生命が接触できたとしても，両者の科学技術のレベルの間には（たとえ宇宙進出を可能にするというレベルはともにクリアできていたとしても）途轍もない格差があるはずだ，ということです．「レンズマン」的な，対等な知的生命の連合体として宇宙社会を描く SF の陳腐化の背後には，こうした洞察があるわけですが，『三体』は正面からこの格差の含意を追究しています．素粒子サイズの知的ロボット工作員を地球に送り込んで加速器実験を妨害し，人類の 2,000 隻の宇宙艦隊をたった 1 個の極微・高密度・大質量の飛行物体で壊滅させる「三体」人のテクノロジーはもちろん人類とは隔絶したレベルにありますが，己以上の技術レベルの他の文明による侵略を避けるため，何の信号も漏らさず宇宙に隠れ棲んでいる（この可能性もまた「見つからない理由のひとつ」です）宇宙文明の多

くは，その「三体」文明をも軽く圧倒し，物理法則それ自体を操作して宇宙の基礎構造を変えてしまうことさえできます．かくして『三体』連作は「最初の接触」，宇宙からの侵略といったウェルズ以来の古典的テーマを，最新の宇宙論や人工知能研究の展望と結びつけるという離れ技を見せています．おそらくは今後の宇宙SFの前線は，この方向の上にあると思われます．

論及した作品
・小説
エドモンド・ハミルトン「むこうはどんなところだい？（何が火星に？）」（雑誌掲載初出 1952 年）（『フェッセンデンの宇宙』（邦訳河出書房新社，早川書房）所収）
アイザック・アシモフ『ファウンデーション』（雑誌掲載初出 1942 年）以降の銀河帝国シリーズ（邦訳早川書房）
エドワード・E・スミス『銀河パトロール隊』（雑誌掲載初出 1937 年）以降のレンズマン・シリーズ（邦訳東京創元社）
H・G・ウェルズ『宇宙戦争』（1898 年刊）（邦訳東京創元社他）（映画化 1953 年，2005 年）
ウェルズ『タイム・マシン』（1895 年刊）（邦訳東京創元社他）（映画化 1960 年，2002 年）
フィリップ・ワイリー＆エドウィン・パーマー『地球最後の日』（1933 年刊）（邦訳東京創元社）（映画化 1951 年）
中村融編『ワイオミング生まれの宇宙飛行士』（2010 年，早川書房）
メアリ・ロビネット・コワル『宇宙へ』（2018 年刊）（邦訳早川書房）
オラフ・ステープルドン『スター・メイカー』（1937 年）（邦訳国書刊行会）
ポール・アンダースン『タウ・ゼロ』（1970 年刊）（邦訳東京創元社）
劉慈欣『三体』連作（雑誌掲載初出 2006 年〜）（『三体』『暗黒森林』『死神永生』）（邦訳早川書房）
・映画
『スター・ウォーズ』シリーズ（1977 年〜）
『アポロ 13』（1995 年）
『ゼロ・グラヴィティ』（2013 年）
『オデッセイ』（2015 年）（原作アンディ・ウィアー『火星の人』2011 年刊）
『インターステラー』（2014 年）
『エイリアン』シリーズ（1979 年〜）
『遊星からの物体X』（1951 年，1982 年）（原作ジョン・W・キャンベル Jr.「影が行く」雑誌掲載初出 1938 年）
文献
稲葉振一郎（2016）『宇宙倫理学入門』ナカニシヤ出版．
稲葉振一郎（2019）『銀河帝国は必要か？』筑摩書房．

（稲葉振一郎）

第 V 部

宇宙開発の科学技術コミュニケーション
一現状・課題・ヒント一

はじめに

　第 III 部と第 IV 部では宇宙開発の歴史と展望，そして宇宙開発の意義について見てきました．自分も「宇宙開発をみんなで議論」してみたいと思ったとき，どうやって実施すればよいでしょうか．本パートでは実際に宇宙開発に関する科学コミュニケーション[1]活動を実践するときに知っておきたい背景や運営上の注意点を，過去の事例なども紹介しながら議論します．

1. 科学技術と市民参加

科学コミュニケーションの歴史

　科学コミュニケーションの目的は，科学技術をわかりやすく伝えることだけではありません．科学技術政策について市民の立場から考えることも，科学コミュニケーションの 1 つです．

　科学コミュニケーションに関する政策は，「市民の科学理解増進（Public Understanding of Science：PUS）」から「科学技術への市民関与（Public Engagement of Science and Technology：PEST）」へと変化してきました．PUS 活動は英国王立学会による 1985 年の報告書『科学技術の市民理解』をきっかけに進められました（The Royal Society 1985）．しかし，牛海綿状脳症（Bovine Spongiform Encephalophalopathy：BSE）に関する対応などを経て，専門家から市民への一方向的な知識の伝達だけでは問題解決につながらないことが明らかになりました．そこで，英国上院科学委員会による 2000 年の報告書『科学と社会』では，PEST を重視する方針が示されました（標葉 2020，工藤 2019）．

　日本の科学コミュニケーションも PUS から PEST へ変化してきました．日

　1）「科学技術コミュニケーション」「サイエンスコミュニケーション」といろいろ表現がありますが，本書では「科学コミュニケーション」で統一します．

本の PUS 活動は，1960 年代以降に開始された科学技術週間などの普及啓発活動に見ることができます．当時，活動の大半は科学の楽しさを伝えるものでした（科学コミュニケーションセンター 2013）．

　1995 年に科学技術基本法が制定され，以降，5 年毎に科学技術振興の方針が規定されることになりました．翌 1996 年の第 1 期科学技術基本計画（1996～2000）では「科学技術に関する学習の振興及び理解の増進と関心の喚起」が掲げられ，科学技術に親しむ機会の提供や普及啓発活動等が推進されました．第 2 期科学技術基本計画（2001～2005）では「社会のための，社会の中の科学技術」が掲げられ，研究者による一般市民へのアウトリーチ活動が推進されました．科学コミュニケーションという言葉が登場したのは，2004 年の『科学技術白書』です．同白書は，科学技術コミュニケーター[2]が科学技術と社会をつなぐ重要な役割を果たすことを指摘しています（標葉 2020）．

　2005 年には，科学技術振興調整費（振興分野人材養成）により，東京大学（科学技術インタープリター養成プログラム），北海道大学（科学技術コミュニケーター養成プログラム（CoSTEP）），早稲田大学（科学技術ジャーナリスト養成プログラム（MAJEST））に，大学院修士課程相当の科学コミュニケーター人材育成プログラムが設置されました（杉山 2020）．2005 年を科学コミュニケーションにおける 1 つの節目ととらえ，科学コミュニケーション元年と呼ぶこともあります（小林 2007，平川 2009）．第 3 期科学技術基本計画（2006～2010）では，社会のニーズにこたえる人材として，科学技術コミュニケーターの養成が掲げられ，科学者と市民の双方向コミュニケーションの重要性が指摘されました．また，2010 年には科学コミュニケーション研究会，2011 年にはサイエンスコミュニケーション協会が設立されました．

　第 4 期科学技術基本計画（2011～2015）においても，科学コミュニケーション活動が推進され，「サイエンスカフェ等を通じた，国民と研究者等との間の

　2）科学記者，サイエンスライター，科学館・博物館関係者，大学・研究機関・企業等の広報担当者，理科・科学の教師，科学技術リテラシー向上にかかわるボランティア等を含みます．

双方向での対話等の積極的な展開」が図られることになりました．第5期科学技術基本計画（2016～2020）では共創的科学技術イノベーションの推進が謳われ，「新しい科学技術の社会実装における対話や，自然災害・気候変動等に関わるリスクコミュニケーション」の必要性が指摘されています．

専門家と市民の対話手法

　科学コミュニケーションのうち，市民と専門家が対話・議論する手法には，どのようなものがあるでしょうか．例えば，コンセンサス会議や世界市民会議（World Wide Views：WWViews），討論型世論調査（Deliberative Poll：DP）を挙げることができます（杉山 2020）．

　コンセンサス会議は，特定の科学技術を取り上げ，市民パネルによる対話や議論を行い，その内容を市民の意見として取りまとめる取り組みです．1987年に，デンマーク技術委員会による主導で，工業・農業における遺伝子工学をテーマに初めて開催されました．

　世界市民会議は，2009年にデンマーク技術委員会の主導で始まりました．地球規模の課題を解決することを目的に，市民の声を政治の場に届ける取り組みです．世界中で，同じ日に，同じプロセスで開催されます．参加者は，会議開催前に配布されるテキストを読み，当日に臨みます．2009年には地球温暖化，2012年には生物多様性，2015年には気候変動とエネルギーをテーマに世界各地で開催されました．

　討論型世論調査は，人口動態にもとづいて無作為抽出された市民を対象に，討論に必要な情報を提供した上で，小グループと全体での討論を行い，討論前後での意見や態度がどのように変化したかを調べる取り組みです．

　これらの対話手法は，参加型で，双方向の要素が強いものです．一方で，準備にかかる時間や必要な人数といった点で大きな手間がかかります（若松 2010，渡辺 2007）．扱う問題・テーマや目的によって手法を選択するのがよいとされますが，実際の現場では逆に可能な手法から扱う題材を選ぶ場面も多いことが指摘されています（杉山 2020）．既存の手法では目的と手段に乖離がある可能性もあり，問題に沿った手法の構築についてもさらなる検討が必要と考えられ

ます．

　準備期間の短さや規模の小ささ，気楽な参加の点で適した手法としては，サ
イエンスカフェがあります．サイエンスカフェとは「科学の専門家と一般の
人々が，カフェなどの比較的小規模な場所でコーヒーを飲みながら，科学につ
いて気軽に語り合う場をつくろうという試み」[3]です．日本では，2005 年の全
国科学技術週間（4 月 17 日から 23 日）において全国 20 か所でサイエンスカ
フェが開催されたことをきっかけに広まったと考えられています．

　サイエンスカフェの目的や形式は多様です．大学や研究機関が公式のイベン
トとして主催する場合も，市民グループが主催する場合もあります．開催場所
も大学構内やカフェ，レストランなど様々です．講演会型に近いものも（中村
2008，松田 2008，杉山 2020），対話の時間を長くとるものもあります[4]．サイエ
ンスカフェの開催情報は，科学技術振興機構（JST）が運営するサイト「サイ
エンスポータル[5]」にも掲載されています．登録件数は 2005 年以降年々増加し，
2009 年度には 1000 件を越えました．2009 年から 2012 年にかけても毎年 1000
件程度開催されました（渡辺 2012，科学コミュニケーションセンター 2013）．

　参加型の手法として，シチズンサイエンスにも触れたいと思います．シチズ
ンサイエンスとは「職業科学者や科学機関と共同で，またはその指示の下に，
シチズンサイエンティストによって行われる科学的な活動」です（Oxford En-
glish Dictionary 2014）．専門家ひとりの力では収集できないデータを市民と協働
して集めたり，大量のデータを市民とともに解析したりすることで，新たな成
果を生み出そうとする動きです．日本においても，第 6 期科学技術・イノベー
ション基本計画（2021〜2025）の中で「研究者単独では実現できない，多くの
サンプルの収集や，科学実験の実施などそれらによる多くの市民の参画（1 万
人規模，2022 年度までの着手を想定）を見込むシチズンサイエンス」を推進する

3）http://www.scj.go.jp/ja/event/cafe.html（2021 年 3 月 29 日閲覧）
4）京都大学物質 – 細胞統合システム拠点で開催された iCeMS カフェは，話題提供者との
　　対話の時間を重視していました．https://www.icems.kyoto-u.ac.jp/ja/news/3163（2021 年 3
　　月 29 日閲覧）
5）https://scienceportal.jst.go.jp/index.html（2021 年 3 月 29 日閲覧）

動きがあります．一方で，日本のシチズンサイエンスは双方向ではなく一方向の要素が強いことも指摘されています（ヴァン・アウドヒュースデン他 2020）．

科学技術イベントと参加障壁

市民向けの科学技術のイベントは多数あります．しかし，2018 年に日本の15 歳から 69 歳の男女 227 万人を対象に実施した調査において，過去 1 年以内に科学技術関連イベントに参加した人の割合は，わずか 15 ％程度でした（文部科学省 2018a）．

科学技術のイベントへの参加障壁とはどのようなものでしょうか．先述した調査では，不参加の理由として「科学館，博物館やイベントの情報がない」や，「行く時間がない」が挙がりました（文部科学省 2018a）．

日本では，多くのサイエンスカフェが科学への興味関心が低い層をターゲットにしています（松田 2008）．一方で，サイエンスカフェをはじめとする科学技術イベントの参加者は，そもそも科学技術への関心が高い傾向があります．

低関心層の参加を促そうとするならば，そのための仕掛けが必要です．例えば，(1) テーマを生活と関連付ける，(2) 飲食物の供与・持ち込みに関する工夫，(3) 他分野と融合する，があります（加納他 2013）．(1)については，例えば，イベントのタイトルに，がんや生活習慣病など健康・医療・生活に関するキーワードがあると，幅広い関心層の市民が興味をもちやすいといいます（国立研究開発法人日本医療研究開発機構 2018）．(2)については，飲食物を提供することが有効だと言われます．(3)については，科学技術とアートなど，異分野と融合させることで，アートに興味がある人も，科学技術に興味がある人も，どちらの参加も促せる可能性があります．サイエンスカフェと，アートとサイエンスを融合したイベントでは，後者で低関心層の参加割合が高いことが報告されています（加納他 2020）．

サイエンスカフェへの参加の障壁として，例えば，サイエンスカフェがどのようなものか分からずに不安を感じる人がいるかもしれません．サイエンスカフェが広まったとはいえ，一般の認知度はまだ高くありません．サイエンスという言葉に敷居の高さを感じる人もいるでしょう．サイエンスカフェの場で何

が行われているのかを丁寧に説明するなど，初めての人にも参加しやすい配慮が必要です．科学知識がなく不安を感じる人もいるかもしれません．誰でも参加できるなど，参加条件を具体的に明示することが必要でしょう．（アート関連のイベントなどと比べて）言葉を多く用いることや，研究者との直接対話を通して研究に触れることが，サイエンスカフェの障壁になるかもしれません（加納他 2020）．サイエンスカフェは参加型の科学コミュニケーションとして気楽に参加できるイベントと位置付けられますが，それでも低関心層にとっては大きな参加障壁があると思われます．低関心層にどのようにアプローチするかは，科学コミュニケーションが抱える大きな課題です．

2.　サイエンスカフェのヒント集

　2017 年に日本の研究者 2,906 名を対象に実施された調査によると，約 43 ％がサイエンスカフェやワークショップなどの参加型の対話イベントに貢献あるいは実施した経験があることがわかりました（科学コミュニケーションセンター 2017）．一方で，サイエンスカフェの運営に関するノウハウが広く共有されることは，あまりありません．

　そこで，スタッフとして，（宇宙開発を中心とする）サイエンスカフェに複数回参加したことがある研究者を対象に聞き取り調査を行い，苦労や改善点を伺いました[6]．そして，サイエンスカフェを開催するときに考えたい 9 つのヒントを以下のように整理しました．

1）どのようなテーマを選びますか？　どのようなタイトルにしますか？

- サイエンスカフェのテーマが，「はやぶさ」や月探査「かぐや」のときには，応募者がとても多かった．
- はやぶさとかそういった方向にも話を広げようとしたんですが，結果的には参加者がたった 2 人だった．

6）匿名性を確保するために，回答内容を損ねない範囲で発言を修正しました．

194

市民の関心の持ちやすさは，その時々の状況とも関連します．2011年2月当時，探査機はやぶさに対する国民の関心が，2011年4月の同調査と比較しても高かったことが報告されています（科学技術政策研究所 2011）．一方で，同じテーマでも，開催地域によっては関心を持たれにくいこともあります．タイトルのつけ方によっても関心の持たれやすさが変わります．

2）どこで開催しますか？

・大学の中で開催したときには，ちょっと堅苦しい印象を与えてしまったかもしれません．

・古い小学校で開催したときには，あまり緊張する感じがなかった．周りが美術品に囲まれているので少しリラックスした雰囲気になりました．

開催場所によって，サイエンスカフェの雰囲気は大きく変わります．大学や小学校のほか，カフェやレストラン，イベントスペース，ショッピングモールなど，様々な場所が候補になります．

3）誰に話題提供をしてもらいますか？

・その人のパーソナリティがある程度分かっているとやりやすいなと思うことがあります．

・異様に早口で分かりにくいけれども，なんだか楽しそうという研究者もいます．研究者のパーソナリティが出てくるのもよいと思います．

どのような研究者でも話題提供の候補者になると思われますが，その研究者のパーソナリティがある程度分かっているほうが，サイエンスカフェを進めやすいようです．

・はたと気付いたことがあって，話題提供者が男性ばかりだったんです．

日本では，研究者の多くが男性です．日本の全研究者に占める女性研究者の割合は，わずか17％です（科学技術・学術政策研究所 2020）．講演者のジェンダーバランスに配慮する動きは，世界的にも始まっています．

4）飲食物を提供しますか？

・おはぎが出たりして，非常に和やかな雰囲気で進められて，すごく一体感があったカフェだったと思います．

お茶やお菓子など飲食物の提供は，場づくりのツールになることが報告されて

います.

5）どのようにしてイベントを告知しますか？

・地道にポスターを学校に貼ってもらうとか市の広報誌に載せてもらうとかということをしていると，成果が現れる感じはします.

・「広報をもっと早くからやればよかったね」とか「もっと知り合いに声をかければよかったね」と反省会をするのですが，抜本的な対策が見つかることはあまりない.

　ウェブサイト上での告知は，比較的手軽に行うことができます．主催団体のウェブサイトへの掲載や，JST のサイエンスポータルへの開催情報登録があります．各種メーリングリストへの投稿や，スタッフの口コミ，SNS を通じた告知方法もあるでしょう.

　一方である程度の労力はかかりますが，学校等教育機関へのポスター・チラシ配布や，市区町村の広報誌への情報掲載も有効です.

6）参加者との関係性をどう築きたいですか？

・サイエンスカフェや講演，あるいはイベントというのに慣れた方が随分いらっしゃった．そういう人たちがある種のファシリテーター的な役割で他の人たちを先導して盛り上げてくれた.

・すごく何回も何回も来てくださって，その方にとってすごく大事な場になっているのはうれしいことである反面，常連さんばかりになって，初めての人が入りにくい雰囲気になるのもよくない.

サイエンスカフェでは，顔なじみの参加者のふるまいが場の雰囲気を盛り上げてくれることがあります．一方で，内輪感が強まり，初めての参加者が疎外感を感じる原因になることもあります.

7）今日は良いサイエンスカフェだったと思うのはどんなとき？

・終わった後に参加者同士がまだ会話をしている様子を見たときには，今日はいい場だったと思います．その場にいる人同士で話がはずんでいるというのはすごくいいなと思います.

・科学の知識を増やすことよりは，人と会えるとかゆったりした時間を過ごせるとかという，もうちょっと先のほうにある部分がもう少し見直されて

くれば，参加する人もまた変わってくるのかなという気はします．
参加者同士のつながりができたときに，もっと話したい，また参加したいというモチベーションが生まれるのかもしれません．

8）ファシリテーターの役割とは？

- ファシリテーターがうまくその間を取り持って，「それはどういうことですか」とか，ちょっと合いの手を入れてあげたりするというのも1つの手かと思います．
- ファシリテーターや主催者と情報提供者の間に信頼感があると，この人は私のことを分かってくれているんだなというような安心感はあります．

スタッフやファシリテーターと話題提供者との間に十分な信頼感があると，話題提供者が話しやすくなったり，よい雰囲気につながったりします．

9）参加者にどの程度，能動的な参加を求めますか？

- 聞いてそのまま帰れば，少なくともその時間は過ごせてしまう．質問するには自分でも考えなければいけない．
- 本当に人前で話すのはいやで黙って聞いていたい人もいるじゃないですか．そういう人を無理やり引きずり出すわけにもいかないなとも思います．

サイエンスカフェの参加者のモチベーションは様々です．積極的に発言したい人もいれば，発言したくない人もいます．発言がなかったからといって，興味関心が薄いわけではありません．

3. 宇宙開発と広報・科学コミュニケーション

宇宙開発に関する情報源と認知度

　宇宙開発も科学コミュニケーションの対象の1つとして語られると同時に，民間とのかかわり，安全保障，防災など様々な分野と関連しています．宇宙開発に限らず人々は様々な情報源から科学技術に関するイメージを抱き，それをもとに議論が始まります．では，宇宙分野について人々はどのように考えているのでしょうか．2014年に宇宙開発のイメージに関する社会調査が行われて

おり，そこでは有人宇宙開発については，他の科学技術と比較して，「必要である」「安全である」「将来性がある」「日本の経済の発展に貢献する」とは思われていないものの，「夢がある」という肯定的なイメージをもたれています（藤田・太郎丸 2015，図Ⅱ-3 も参照）．

　ロケットの打ち上げがテレビのニュース映像をにぎわすこともあるのは覚えている方も多いでしょう．あるいは打ち上げ時に SNS 上で中継を見ながら書き込みをする，という現象も出現しています．では，宇宙開発に関する情報はどのようにして得られているのでしょうか．2020 年に行われた宇宙政策に関する調査では，主要な情報入手先（認知手段）はテレビ・ラジオであることが示されています（NTT データ経営研究所 2020）．

　興味をもっている人がどういったメディアから情報を得ているかも重要です．早川（2015）において情報の入手先の比較が行われており，この時点では宇宙開発に関する主な情報源としてインターネットや本・雑誌を挙げている人は関心の高い層であり，テレビからという人は相対的に関心が低いことが示されています（図 V-1）．

　どのような情報が知られているかも見ていきましょう．先の 2020 年の調査では用語に関する認知度調査も行われており，「国際宇宙ステーション」や「はやぶさ 2」「JAXA」といった項目が 8 割以上の認知度を示しているのに対

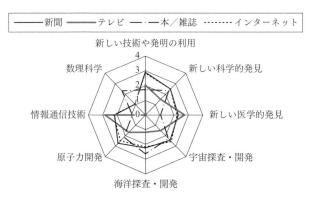

図 V-1　宇宙開発を含む科学技術情報の主要取得源と科学技術関連話題に対する関心の関連度（早川 2015 より引用）

し，日本の宇宙ベンチャーや「アルテミス計画」についての認知度は2割弱程度となっています．もともと宇宙開発関係の用語は英語の略称などのように技術的で難解なものが多いこともあり，専門性を重視するメディアなどで伝えられることが多く，ミッション名が一般的なメディア（地上波テレビ，新聞など）で繰り返し取り上げられるようになったのは「はやぶさ」帰還くらいからでしょう．メディアで取り上げられることが多い「はやぶさ2」や「JAXA」といった用語が浸透度が高い一方で，比較的最近使われるようになり，かつメディアではあまり取り上げられていない「アルテミス計画」や宇宙ベンチャー企業の認知度は低かったです．

宇宙開発の広報活動

　宇宙開発についての情報をわかりやすく市民に伝えるという意味では，広報活動は重要な科学コミュニケーションの1つです．宇宙基本計画制定以後，日本における民間の宇宙活動も徐々に積極的になってきましたが，依然としてメインはJAXAなど国の主導によるものです．従って日本における宇宙開発の広報活動もJAXAのものがメインとなります．

　JAXAの中長期計画（2018〜2025）では，広報活動として，「国民と社会への説明責任を果たすとともに，一層の理解増進を図るため，我が国の宇宙航空事業及びJAXAを取り巻く環境の変化を踏まえて即時性・透明性・双方向性の確保を意識しつつ，高度情報化社会に適した多様な情報発信を行う．」を目標としています．「双方向性」に加えて「即時性・透明性」が広報戦略に書かれたのはこの中期計画からです．双方向性については以前からも指摘されており，その具体的な案として，シンポジウムや講演などのほかにタウンミーティングが挙げられていました．タウンミーティング（タウンホールミーティング）は対話集会と呼ばれるもので，市民に直接話しかける機会として受け取られています．中長期計画を見ると国民の「理解」「支持」という言葉が使用されています．タウンミーティングもその手法の一環と見ることができますが，一方で「双方向性」は参加者への一方的な情報伝達ではなく，ともに議論し積み上げていくのが理想でしょう．単なる市民の科学理解増進を超えて，科学コミュニ

ケーション，あるいは科学技術についての市民関与の文脈で，広報活動は今後どのように行われるべきなのでしょうか．

　JAXA の広報アウトリーチに関する分析が百合田他（2016）でなされています．そこでは，JAXA の事業活動に対する具体的な認識が国民各層に届いていないとしており，JAXA の活動に批判的な回答者群は，その回答行動の背景要因別に，(1)情報不足を理由とする消極的現状維持群，(2)活動を非現実的ととらえ，費用負担に懸念をもつ群，そして(3)失敗リスクを伴う活動を否定する群に 3 分類できることを示したとしています．さらに，社会的関心を集めるイベントとイベントを報道する件数が，国民の宇宙関連への情報アクセス行動，情報接触頻度，さらには宇宙活動への評価とに影響するとしています．

　先に挙げた 2015 年の調査でも示されている通り，インターネットによる情報入手は特に宇宙開発への高関心度層において重要な手段となっています．NASA は各種 SNS のアカウントを開設し，様々な宇宙関係の画像や映像，イベント告知などの機会を利用することでフォロワー数を伸ばし，広報活動ツールの一つとして積極的に利用しています．JAXA もまた JAXA 全体，そして各部門やミッションで様々な SNS アカウントを用いて広報をしかけています．

　科学コミュニケーションにおける「双方向性」のツールとして SNS は重要視されており，JAXA のヒアリングにおいても，SNS のフォロワー数を双方向的な広報の成果と位置づけています（文部科学省 2018b）．JAXA の SNS アカウントに対するフォロワー数は，他の国内の研究所・法人に比べると非常に多くなっています．前述の通り双方向性は JAXA の戦略として掲げられており，広報としては一定の効果がありますが，SNS のフォロワー数は，フォローするという能動的な行動を起こし，かつアンフォローするという能動的な行動を起こさない人の総体として現れる数字である，ということに気をつける必要があります．インターネットから情報入手をする層は主体的に情報を求める宇宙開発への高関心度層であり，やや受動的に情報を得ている低関心度層にどのようにアプローチするかは課題です．

　また，SNS の使い方という点でも気をつける必要があります．SNS は上述の通り双方向性が重要ではありますが，組織を代表するアカウントで双方向コ

ミュニケーションを行うことは実際には難しいと言えるでしょう．フォロワー数が多いことから応答が多くなり，全ての応答に返信することは現実的ではありません．逆に，選択された応答に返信するとなると，特定の人を優遇していると受け取られてしまいかねません．

　一方で，返信という形ではなくともより深いコミュニケーションの形を図ろうとしている組織もあります．例えば国立天文台広報普及室では，ツイッターで週末にクイズを出すという仕方で，ユーザーの関心を新たな形で引きつけようとしています．返信がなかったとしても，「週末にクイズがあり，週明けに答えが出る」という流れが定着すれば，特に熱心なユーザーを引きつけ，また中程度の関心をもつユーザーをより SNS へと誘導する流れにつながることが期待されます．

　2020 年以降は新型コロナウイルス感染症（COVID-19）の影響により，対面型のイベントが軒並み中止・延期となり，オンライン型のイベントに移行することが余儀なくされました．オンライン型のイベントは地理的な障壁を気にすることなく，全国，全世界からの視聴者を集めることができるという利点がある一方，ネットワーク接続（それなりに高速で安定なもの）を必要としたり，特定のソフトウェアを導入する必要があり，かつその操作に慣れていなければならない，といった，ユーザー側に負担を強いる要素が少なからず発生します．また，オンサイトのイベントとオンラインのイベントでは体験できる要素も異なります．たとえばその場で参加者同士が交流するということは，オンサイトイベントでは比較的簡単に可能ですが，オンラインイベントではあらかじめそのような場所が設定されていない限り難しいのが現状です．

　JAXA は以前よりロケットの打ち上げ中継を積極的に行っており，インターネットにおける広報活動では長い歴史をもっていると言えるでしょう．また，公式だけではなく，様々な組織，宇宙飛行士個人などで SNS の運用がなされています．しかし，オンラインならではの広報・コミュニケーションのあり方は，宇宙開発のみならず科学コミュニケーション全体で模索中といえるでしょう．また，施設やイベントに実際に足を運んでいた高関心度層への対応がどのようになされているかについては，今後の情勢を見守る必要があります．

4. 対論型サイエンスカフェで宇宙開発を扱うとき

　第 1 章で紹介したサイト「サイエンスポータル」に登録されていたサイエンスカフェなどのイベントのうち，イベントのタイトルから宇宙に関係しそうなものを拾い上げると，2014 年から 2018 年の間では約 10 ％前後でした．日本の科学技術関連予算がこの時期で 4 兆円強[7]，その中で宇宙関連が 3,500 億円前後[8]ということを考えると，宇宙関連の一般向けのイベントは活発に行われていると言ってよいかもしれません．ただし，サイエンスポータルには必ずしもすべてのイベントが登録されているわけではありませんし，また，宇宙関係のイベントといっても，例えば星空観望会などのように宇宙開発には含まれない天文の範疇に属するイベントも多く，本書で扱っているような宇宙開発に関するイベントの割合はよくわかりません[9]．また，イベントの中では講演会形式のものも多く，第 II 部で説明した対論型サイエンスカフェのような市民と専門家が一緒になって考える形式のものは，現在でもそれほど多くはありません．
　対論型サイエンスカフェを例に，本パート第 2 章の「サイエンスカフェのヒント集」にも注目しながら，企画から実施までの一連の流れとタイムスケジュールを見ていきましょう．
　開催当日のおよそ 2 か月前までに，対論型サイエンスカフェのテーマと対論者を決めます．
　まずは，テーマを決めましょう．宇宙開発には様々なテーマがあります．一般的に，「宇宙」という言葉は多くの人にとってわかりやすい言葉ですが，宇宙空間や時間的な広がりなど様々な意味を含む言葉です．太陽や星の話が聞け

---

7)　科学技術関係予算　令和 3 年度当初予算案，令和 2 年度第 3 次補正予算の概要について（令和 3 年 3 月）．https://www8.cao.go.jp/cstp/budget/r3yosan.pdf（2021 年 3 月 29 日閲覧）
8)　宇宙政策委員会　第 92 回会合　資料 1-1．https://www8.cao.go.jp/space/comittee/dai92/siryou1_1.pdf（2021 年 3 月 29 日閲覧）
9)　天文学の研究のなかには宇宙技術を用いて行われる（従って本書で言う「宇宙開発」に含まれる）ものもありますが，そうでないものもあります．天文学と宇宙開発の関係については，コラム「宇宙科学・探査」も参照してください．

ると思っていたのに，そうではなかったなど，人によってイメージが異なることもあります．一方で，「アルテミス計画」などの言葉は，耳慣れない人が多く，イメージのしにくいテーマです．どのようなテーマでも開催は可能ですが，対論型サイエンスカフェでは，今まであまり考えられておらずまだ結論の出ていない，議論の切り口の多いテーマを積極的に選ぶようにしています．

　対論型サイエンスカフェでは，毎回 2 名の対論者を招いています．スタッフが対論者を務めることもありますが，外部の専門家に依頼することが理想的です．対論の立場と自身の見解が一致する方に依頼するのが望ましいと考えていますが，それにもまして，役割に徹して議論を展開することを了承してもらい，実際にそれが可能な人を対論者に迎えることが重要だと考えています．対論型サイエンスカフェの最後に対論者からのコメントをもらう時間を設けており，このときに当日の振り返りとともに，実際の自身の見解を話してもらいます．いわばネタバレの時間です．

　対論者が決まった後，対論者も含めたスタッフ全員で，賛成／反対の対論軸で議論できる「問い」を決めます．相反する 2 つの立場が直感的にわかりやすい「問い」にすることを心がけています．この「わかりやすい」というのは参加者にとってのわかりやすさであり，企画を進めていくうちに，対論者やスタッフのなかでは議論がしやすい問題設定が，一般参加者にとって必ずしもわかりやすくなっていない場合もあります．文言を含めた「問い」の設定の際には，適宜スタッフ外の人にも確認してみるといいかもしれません．

　同時に，開催場所を決める必要があります．対論型サイエンスカフェでは，宇宙開発にあまり興味がない人たちにも参加してもらいたいと考えています．参加の敷居を少しでも下げるため，大学から離れた場所で開催することが多いです．毎回，開催地（東京や京都など）や開催場所も少しずつ変えています．これまで，大学の教室，研究機関のオープンスペース，ワインバー，一般のイベントレンタルスペース，オンライン空間などで開催してきました．開催場所は，議論の雰囲気に大きく影響します．

　会場の選定で重視するとよいことは，会場全体の見晴らしです．参加者がどの場所に座っても対論者や他の参加者の顔が見える距離感の会場が望ましいで

す．街中のカフェやイベントレンタルスペースは会場の大きさや配置が不規則なことが多く，参加者の人数によっては参加者が座った場所から会場全体を見渡せないことがあります．そこで，できるだけ事前に会場を見学して確認するようにしています．次に，議論を中心に進める対論型サイエンスカフェの特徴上，どの場所に座っても他の参加者の発言が十分に届きやすいことが必要です．会場が広い場所やオープンスペース等では，遠くの参加者の発言が聞き取りにくくなることがあります．その場合には，マイクの準備が必要です．そして，飲食自由な会場が望ましいです．お茶やお菓子等の飲食物は議論を円滑に進めるツールになります．対論型サイエンスカフェ終了後には同じ会場で1時間程度の懇親会を行い，スタッフや対論者，参加者同士の交流を促すようにしています．当初，対論型サイエンスカフェはオンサイトでの開催を基本にしていました．対論者と参加者が同じ場所で顔を合わせることで議論が深まると考えたためです．しかし，コロナ禍以降は，オンサイトからオンラインでの開催（オンライン会議ツールZoomを使用）に移行しました．参加者にはカメラをオンにして参加してもらうことを推奨していますが，人によってはオンラインで顔を出さないほうが議論しやすい，という場合もありますので，その点は臨機応変に対応します．これまでの実施状況では，少人数の議論になると顔を出してより議論に積極的になる，ということもありました．

　ここまでで，対論型サイエンスカフェに必要な概要（テーマ，対論者，問い，開催場所）が決まりました．開催当日から換算して1か月前までには，イベントの告知を開始しましょう．対論型サイエンスカフェでは，主にスタッフのSNSや各種メーリングリスト等を通じて参加者を募集しています．とりわけ宇宙開発にあまり興味がない人たちにも参加してもらいたいと考えているため，関心が高いと思われる人が多く登録しているメーリングリスト等への連絡を遅らせることもあります．また，紙媒体のポスターやチラシを作成し，開催場所の近辺を中心に配布することもあります．これは，宇宙開発，および科学技術への関心という窓口とは別の観点からイベントに興味をもってもらうため，開催場所の情報をチェックしている人や，開催場所に所属している人からの情報発信を期待するためです．宇宙開発への高関心度層はイベントをこまめに

チェックしている方もいるので，広報の切り口を変えて宣伝することでより広い層にアプローチすることを狙っています．オンライン開催でもスタジオなどとして施設を利用する場合もあり，そちらを通じた広報展開も考えられます．

　開催当日およそ 1 週間前を目安に，対論者に当日の資料の準備をお願いします．PowerPoint 形式で用意した資料を会場のモニターやスクリーンに映して説明したり，PowerPoint が使えない場合は紙に印刷して配布したりするなど，会場によって臨機応変に対応しています．対論者には目安として 3 つ前後の論点を挙げていただきます．

　実際には，予定していたスケジュール通りに進まないことも多く，告知の時間が十分にとれないことも多いです．早め早めの準備を心掛けましょう．これまでのところ，対論型サイエンスカフェの参加者は，宇宙開発への興味関心が高く，テーマに関連する知識も比較的多い印象があります．これは科学技術に関連するイベントに共通する傾向で，科学技術への高関心度層が主な参加者となります．一方で，多くはありませんが，初めて参加される方もいます．宇宙開発にあまり興味がない人たちへの参加の呼びかけは依然として課題です．初めて参加する方や知識がない状態で参加される方も安心して参加できるよう，テーマに関する基礎情報を提供する時間を設けたり，グループに分かれて議論を進めるときに各グループにテーブルファシリテーターをつけるなどの工夫をして，誰もが参加しやすい雰囲気づくりをすることが重要です．

　最後に意見表明や参加者からの投票が終わった後は，1 つの結論が出るわけではないために，参加者の中にはもやもやした気持ちが残る場合もあるかもしれません．これは対論型サイエンスカフェに限ることではありませんが，結論を出すことが目的ではないため，どうしてもこういう事態が発生してしまいます．懇親会などでその点をフォローすることも雰囲気づくりの一環になります．

　イベントが終わった後も，参加者に対してアンケートを取るとか，今後の関連情報を流しておく，などの交流も，次回以降のさらなる参加者へのつながりを望むために有効です．スタッフの間でも振り返り作業を行い，出てきた課題を挙げて次に修正することで，継続的な開催が可能になります．継続的に開催することは，存在をより広く認識してもらう上でも重要になります．

文献

ミヒェル・ヴァン・アウドヒュースデン／ヨーク・ケネンス／吉澤剛／水島希／イネ・ヴァン・ホーイヴィーヒェン（2020）「原子力をめぐる科学技術イノベーションガバナンスへの道――福島原発事故後の市民科学に関する日本－ベルギー共同研究プロジェクトからの示唆」,『科学技術社会論研究』18, 58〜73 頁.

NTT データ経営研究所（2020）宇宙政策に関する意識調査結果詳細版. https://www.nttdata-strategy.com/assets/pdf/newsrelease/201218/survey_results.pdf（2021 年 3 月 31 日閲覧）

科学技術政策研究所（2011）震災による科学技術に対する国民の意識・期待の変化. https://www.mext.go.jp/b_menu/shingi/gijyutu/gijyutu4/024/siryo/_icsFiles/afieldfile/2011/08/19/1309692_02.pdf（2021 年 3 月 29 日閲覧）

科学技術・学術政策研究所（2020）2.1.4 各国・地域の女性研究者. https://www.nistep.go.jp/sti_indicator/2020/RM295_24.html（2021 年 3 月 29 日閲覧）

科学コミュニケーションセンター（2013）科学コミュニケーションの新たな展開. https://www.jst.go.jp/sis/archive/items/watanabe_03.pdf（2021 年 3 月 29 日閲覧）

科学コミュニケーションセンター（2017）研究者意識調査（科学と社会のつながり）報告書. https://www.jst.go.jp/sis/scienceinsociety/investigation/items/csc-report_2017researchers.pdf（2021 年 3 月 29 日閲覧）

加納圭／水町衣里／一方井祐子（2020）「科学イベントへの参加意向と実際の参加者層の分析――「サイエンスカフェ」と「サイエンスとアートの融合イベント」との比較」,『科学教育研究』44（4）, 254〜260 頁.

加納圭／水町衣里／岩崎琢哉／磯部洋明／川人よし恵／前波晴彦（2013）「サイエンスカフェ参加者のセグメンテーションとターゲティング：「科学・技術への関与」という観点から」,『科学技術コミュニケーション』13, 3〜16 頁.

工藤充（2019）3.2.1 科学コミュニケーション：その政策的展開と学術的研究の概観,「科学技術イノベーション政策の科学」コアコンテンツ. https://scirex-core.grips.ac.jp/3/3.2.1/main.pdf（2021 年 3 月 29 日閲覧）

国立研究開発法人日本医療研究開発機構（2018）幅広い関心層の市民を惹きつける情報発信手法の研究開発. https://www.researchethics.amed.go.jp/genome/research/kanou2016.html（2021 年 3 月 29 日閲覧）

小林傳司（2002）「社会的意思決定への市民参加――コンセンサス会議」, 小林傳司編『公共のための科学技術』所収, 158〜183 頁, 玉川大学出版部.

小林傳司（2007）『トランス・サイエンスの時代――科学技術と社会をつなぐ』NTT 出版.

標葉隆馬（2020）「日本の科学コミュニケーション」,『責任ある科学技術ガバナンス概論』所収, 109〜121 頁, ナカニシヤ出版.

杉山滋郎（2020）「科学コミュニケーション」, 藤垣裕子編『科学技術社会論の挑戦 2　科学技術と社会――具体的課題群』所収, 1〜24 頁, 東京大学出版会.

中村征樹（2008）「サイエンスカフェ――現状と課題」,『科学技術社会論研究』5, 31〜43 頁.

早川雄司（2015）科学技術に関する情報の取得源と意識等との関連. https://www.nistep.go.jp/wp/wp-content/uploads/NISTEP-DP121-FullJ1.pdf（2021 年 3 月 31 日閲覧）

平川秀幸 (2009)「科学コミュニケーション」, 奈良由美子／伊勢田哲治編『生活知と科学知』所収, 106〜121 頁, 放送大学教育振興会.

藤田智博／太郎丸博 (2015)「宇宙開発世論の分析——イメージ, 死亡事故後の対応, 有人か無人か」,『京都社会学年報』23, 1〜17 頁.

松田健太郎 (2008)「日本のサイエンスカフェをみる——サイエンスアゴラ 2007 でのサイエンスカフェポスター展・ワークショップから」,『科学技術コミュニケーション』3, 3〜15 頁.

文部科学省 (2018a) 科学技術週間の認知度調査——結果の報告及び分析. https://www.mext.go.jp/b_menu/shingi/chousa/gijyutu/028/shiryo/_icsFiles/afieldfile/2018/07/19/1406919_001.pdf (2021 年 3 月 29 日閲覧)

文部科学省 (2018b) 平成 30 年度 JAXA 業務実績ヒアリング（第 2 回）議事録. https://www.mext.go.jp/b_menu/shingi/kokurituken/005/001/gijiroku/1422672.htm（2021 年 3 月 31 日 閲覧）

百合田真樹人／上垣内茂樹／阿久津亮夫／岸晃孝／黒川怜樹／柳川孝二 (2016)「国民の意識調査の分析による広報アウトリーチ対象の分類と方法の設計」,『宇宙航空研究開発機構特別資料：人文・社会科学研究活動報告集：2015 年までの歩みとこれから』JAXA-SP-15-017, 85〜99 頁.

若松征男 (2003)「『科学技術への市民参加』を展望する——コンセンサス会議の試みを例に」,『研究技術計画』15, 168〜182 頁.

若松征男 (2010)『科学技術政策に市民の声をどう届けるか——コンセンサス会議, シナリオ・ワークショップ, ディープ・ダイアローグ』東京電機大学出版局.

渡辺稔之 (2007)「GM 条例の課題と北海道におけるコンセンサス会議の取り組み」,『科学技術コミュニケーション』1, 73〜83 頁.

渡辺政隆 (2012)「サイエンスコミュニケーション 2.0 へ」,『日本サイエンスコミュニケーション協会誌』1 (1), 6〜11 頁.

Oxford English Dictionary (2014) 'citizen science'. Oxford English Dictionary (Online), Oxford University Press. https://www.oed.com/view/Entry/33513?redirectedFrom=citizen+science（2021 年 3 月 29 日閲覧）

The Royal Society (1985) Public understanding of science. https://royalsociety.org/~/media/royal_society_content/policy/publications/1985/10700.pdf（2021 年 3 月 29 日閲覧）

（一方井祐子・玉澤春史・吉永大祐・寺薗淳也）

第 VI 部

宇宙開発を議論するスキル
―合意形成に向けて―

はじめに

　第Ⅴ部では対論型サイエンスカフェを中心に，議論の場の作り方を紹介しました．そうした場で議論するということだけでも，いろいろな考え方と接することで得るものが多くあるでしょう．しかし，それをもう一歩進めて合意の形成につなげるためには，ただ議論するというだけではなく，さらに進んだスキルが必要となってくるでしょう．この第Ⅵ部では，第Ⅱ部の対論型サイエンスカフェで取り上げたテーマを利用しつつ，合意形成に向けた議論のスキルがどのようなものかを，サイエンスカフェの参加者2人による架空の対話という形式で考えてみます．

1. とある対論型サイエンスカフェ後の懇親会にて

参加者の1人：どうも．わたし宙犬（そらいぬ）といいます．今日のカフェどうでした？

もう1人の参加者：どうも．わたしは土撥（どはつ）といいます．よろしく．なかなか興味深い話だったと思いますけど．

宙：いやあ．それはそうなんですけどね．なんというか，最近の宇宙関係の話って，今日の資源採掘の話もちょっとそんなところがありましたけど，やれビジネスだ，安全保障だ，国益だって，なんというか世知辛いなあって思ってしまうんですよね．

土：なるほど．宙犬さんは宇宙について話すなら夢とロマンは大事，と思うわけですか．

宙：そう！　そもそもそれが人類が宇宙に行く最大の理由ですよね．

土：実はわたしはロマンっていう言葉でいろいろなことを押し切ってしまうのにはちょっと問題があると思っていまして．わたしはクリティカル・シンキングというものを専門にしているんですが，その立場からするともう少し立ち止まって考えてみる必要があると思うんですね．

宙：クリティカル・シンキングがご専門．それは宇宙にも関係するんですか？

土：クリティカル・シンキングの考えは宇宙開発についてみんなで考えるというようなときにも使えるんじゃないかな，それどころかこれこそクリティカル・シンキングの使い所じゃないかな，というのは前から考えていて，今回のようなサイエンスカフェにもそういう興味で参加してるんですよ．

宙：夢とかロマンとかを否定しようというわけですか．

土：いや，夢やロマンを語ってもいいけど，もっとちゃんと語ろうよ，というところかな，と思います．

宙：ほう．もうすこし教えてくださいよ．

2. クリティカル・シンキングとは

土：宇宙開発は多額の公的資金が注ぎ込まれ，世間の認知度も高いにもかかわらず，いろいろな立場の人が議論を交わす形で方向性が論じられることがありませんでした．そういう議論の基本フォーマットが「協力的なクリティカル・シンキング」です．

宙：クリティカル・シンキングというのは議論のフォーマットのことなんですか？

土：クリティカル・シンキングという言葉自体の定義は人によっていろいろですが，わたしがよく言うのは，「議論を鵜呑みにせず吟味する」ということですね．

宙：議論っていうとみんなで言い争っているみたいな？

土：ここでいう議論っていうのは英語でいう argument の訳語で，何か根拠をあげて結論を導くことを言います．たとえば，「国際社会における責任を果たすため，日本はアメリカの宇宙開発に協力しなくてはならない」と言う人がいたとする．これを議論の形にすると，たとえば……

宙：あ，このノート使ってください．

土：では．（ノートに書き始める）

　　前提1「日本は国際社会における責任を果たさなくてはならない」
　　前提2「日本が国際社会における責任を果たすためには日本はアメリカの
　　　　　宇宙開発に協力する必要がある」
　　結論「したがって日本はアメリカの宇宙開発に協力しなくてはならない」

というような形に整理できます．この形式は昔から知られている論理的に正しい推論で，もしこの2つの前提が両方正しいとすると結論は必然的に導出されます．まあそれはともかく，こういう「根拠」ないし「前提」と「結論」が推論で結ばれている，そういう構造を全体として「議論」というわけです．

宙：そういうふうに考えたことはあまりないですけど，まあ普通に誰でもやっていることですよね．結論が必然的に導かれるということは，もうこの結論は間違いないってことなんですか？

土：それは「前提が正しければ」という条件つきでですね．でもこの前提はどちらもあやしい．

宙：前提の2の方はもっともらしいようならしくないような．

土：こういう政策問題は，たいてい価値判断，つまり，「○○すべき」という判断と事実判断，つまり「○○である」という判断が複雑にからみあったやっかいな構造をしています．コツは，事実に関する主張の部分をうまくよりわけて，実際のデータと突き合わせることです．

宙：でもこういう「責任を果たさなくてはならない」とかそういうことをどういうデータと突き合わせるんですか？　そういうのは個人の思いみたいなもんでデータがどうこうってことではないような．

土：ああ，いいところ突きますね．そうそう，そうやって考えることがクリティカル・シンキングなんですよね．日本が国際的な責任を果たさなくてはならないかどうかを考える上では，国際社会が実際のところ何を期待しているかというのがデータの1つになると思います．

宙：でも国際社会ってそもそも誰なんでしょうね？

土：それもそうですよね．言葉の意味をはっきりさせないとちゃんと議論がで

きない，というのもクリティカル・シンキングでよく言われることです．あと，「世界の他の国は日本にこういうことを期待している」みたいなことについてはデータと突き合わせようにもデータがないことが多いから，ちゃんと吟味するなら独自の調査も必要ですよね．こうやって調査データに基づいて宇宙政策を進めるべきだということに関しては『宇宙倫理学』という本に清水さんという人が書いた文章が載っているので，それを参照してください（清水 2018）．

宙：本自体もなんか興味をそそられるタイトルですね．

土：あと，そうそう，情報を集める上では情報の信憑性にも注意をはらってください．インターネットは情報が玉石混淆で，非常に信用性の高い学術論文に基づく情報と，個人的な思い込みをあたかも確定した事実のように書いている情報とが隣り合わせだったりします．

宙：よく言われることですけど，何かうまい対処法はあるんですか？

土：わたしが注目するのは，情報の内容だけじゃなく，情報の確かさとか適用範囲とかについての情報，いわば注意書きがちゃんとついているかどうかですね．

宙：注意書きですか．

土：たとえば，生命の源になる水や有機物は小惑星の衝突で地球にもたらされたという仮説があります．

宙：そうなんですよね．生命の起源をさぐる宇宙探査ってロマンがありますよね．

土：ただ，これはやはり仮説にとどまるわけで，きちんとした情報の伝え方をする人は，これがどのくらい確かな仮説なのか，ということがわかるように伝えるはずです．「地球にもたらされた」と言い切ってしまうのではなく，たとえば「〜地球にもたらされた，という考え方がある」とか「〜地球にもたらされたという説にはこういう証拠がある」と言って，どういう根拠に基づいてその仮説が立てられているかを紹介してくれたりとか，そういうことをしてくれるわけです．

宙：「はやぶさ 2」をめぐるニュースでも何度かその仮説が取り上げられてい

ましたけど，どうでしたっけね．

土：ニュースはわかりやすさや注意を引きつけることを目的として，そういう注意書きを省いたり，ロマンを感じさせるような仮説を実際以上に信憑性が高いように紹介したりするので，注意が必要ですよ．ちゃんとした議論の材料として使いたいときは，ニュースで得た情報は，ニュースのもとになった情報，たとえば研究機関のプレスリリースなどにさかのぼって裏をとる習慣をつけた方がいいと思います．

宙：宇宙探査にロマンを感じるのが悪いわけじゃないけど気をつけないといけない，っていうのはそういう意味なんですね．

土：さっき念頭においていたのはまたちょっと違う話なんですが，まあロマンに引きずられて判断を誤るみたいなことはありえますね．

土：ということで，ここまでの話をまとめると，

(1) クリティカル・シンキングは議論を鵜呑みにせず吟味する手法である
(2) 議論は根拠ないし前提と結論が推論で結ばれる形をとる
(3) したがってクリティカル・シンキングを当てはめるには，まず相手の言っていることを議論の形に整理する必要がある
(4) 議論の評価には事実関係を調べる必要があるが，情報の信憑性には注意が必要．仮説の確かさについての注意書きがきちんと書かれているといった点に注目するのが大事

というようなことになります．

3. 協力的に議論する意義

宙：クリティカル・シンキングのイメージはつかめてきました．何でもかんでも批判すればいいというわけではなくて，冷静になって議論の構造や根拠になっているものを分析するという感じですかね．敵をやっつけるみたいなことではないんですね．

土：そうそう，それでさっきもちょっと言いましたが「協力的なクリティカル・シンキング」が大事なんですよ．

宙：あえて「協力的」と付け加えるのはなぜですか？

土：宙犬さんは今の説明でわかってくれたようですが，クリティカル・シンキングとか「鵜呑みにせず吟味する」というと，とにかく相手のあらさがしをするようなイメージを持たれることがあります．でも実際には，異なる立場の者どうしが相手を尊重し，理解しようという態度をもたないと，有意義なクリティカル・シンキングはできません．多くの社会問題についての論争が，お互いを戯画化して見下すような不毛な対立に陥ってしまっています．一旦そうなったらそこから抜け出すのは難しい．宇宙開発は幸か不幸か，社会の中のいろいろな人を巻き込んだ議論というのがそれほど行われてきた話題というわけではないので，まだそこまで深刻な対立は存在しません．お互いを尊重したみのり多い議論ができる余地は十分にあります．これがわたしがクリティカル・シンキングのテーマとして宇宙開発に興味を持つ1つの理由です．

宙：理想はわかりましたけど，実際にはどうやるんですか．協力的になるコツといいましょうか．

土：ひとつは，「思いやりの原理」というんですけど，要するに相手がばかばかしいことを言っているように見えたとしても，簡単に切り捨ててしまわずに，できるだけ筋が通るように解釈してあげる，という考え方が大事だと思います．たとえばさきほどの事例で，「日本が国際社会における責任を果たすためには日本はアメリカの宇宙開発に協力する必要がある」っていう前提が出てきましたね．どう思いました？

宙：正直，国際社会って言いながらアメリカのことしか考えてないじゃないかって思いました．説得力に欠けるというより，身も蓋もないなというか．

土：これではアメリカ＝国際社会と思っているように聞こえますし，そんなばかな話あるか，って思いますよね．でも，よく聞いてみたら相手が言おうとしているのはそんな短絡的なことじゃないかもしれない．アメリカはあくまで宇宙開発の多様なアクターの1つでしかないことを踏まえて，今宇宙開発

に関して日本が取りうる選択肢，中国と協力するとか独自で有人宇宙開発を
進めるとか，そうした選択肢のメリット／デメリットをいろいろ考慮した結
果，実現性や国際政治との兼ね合いなどの観点から，現時点で最善の国際貢
献の方法はアメリカの計画に協力することだ，と結論したのかもしれない．
　で，その結論を一言で表現したのが「日本が国際社会における責任を果たす
ためには日本はアメリカの宇宙開発に協力する必要がある」という発言だっ
たのかもしれない．

宙：ずいぶん好意的に解釈しますね．

土：そう見えるかもしれません．でも，相手のことをばかにして，ばかばかし
　いことを言っている，聞くに値しない，といって切り捨てるのは簡単なんで
　すよ．でも，その簡単な道をとることで，われわれはもしかしたらお互いを
　理解しあう重要な機会をみすみす逃しているかもしれないし，話題になって
　いる問題について，ここでいえば宇宙開発について，新しい見方を学ぶ機会
　を見逃しているのかもしれない．そういう機会を見逃すことをもったいない
　と思うなら，このくらいの「思いやり」を働かせるのはぜんぜんやりすぎで
　はないと思うんですよ．

宙：そういうものですか．

土：もう1つ，うまく話が通じないと思ったら，「相手の目からものを見る」
　というのも大事です．立場が違うと世界はぜんぜん違って見える．宇宙への
　移住を進めたい立場からは「小惑星が地球に衝突するかも」という可能性は
　非常に切迫して見えていたかもしれないけれども，まず地球上の問題を解決
　したい立場からは，そんなあるかないかもわからないようなことをわざわざ
　持ち出すのは本質的な議論から話をそらそうとしているだけのように見える
　かもしれません．

宙：これはさっきの「思いやり」というのとは違うんですか？

土：まあ，はっきり区別はできないのかもしれませんが，いちおうわたしの考
　え方としては，「思いやりの原理」というのは，相手の議論の舌足らずなと
　ころや言い間違えたところなどを好意的に解釈して筋のとおる読み方をする
　ことであり，「相手の目からものを見る」というのはもっと本質的に世界の

見え方そのものが違う可能性に想像力を働かせることです.

宙：「相手の目からものを見る」というのはたしかに今日のような対論型サイエンスカフェをする上でも大事な考え方のような気がしますが，実際やるのは大変そうですね.

土：何を目的にするかにもよると思うんですけどね. こういう政策問題について議論するような場でも，ゴールとするところはいろいろありえます. いろいろな人の考え方を聞きながら自分自身の考えをまとめる，というのを目的とする場と，自分の考えがある程度まとまった人たちがどうやって社会的な合意にたどり着くかを一緒に考える場というのは，ちょっと性格が違うと思うんですよね. サイエンスカフェで政策問題についてディスカッションする場合はどちらかといえば前者だと思いますが，協力的なクリティカル・シンキングが本当に必要になるのはむしろ後者の合意形成の場面だと思っています. もちろん，サイエンスカフェのような場で他の人の意見を聞きながら自分の意見を形成していくときにも，「思いやり」や「相手の目からものを見る」というスキルは役には立つと思いますが，それが強制のようになるとサイエンスカフェという気楽な場で議論することのよさが失われるかもしれません. でも，本気で一致点を探そうとする合意形成の場では，この大変なことをやらないとしかたがないでしょうね.

宙：なるほど，サイエンスカフェでは無理のない範囲でっていうことですね.
これまでの話をまとめると

　協力的なクリティカル・シンキングとは，
　(1) 相手の議論をできるだけ筋の通ったものになるように解釈し（思いやりの原理）
　(2) 相手の目から世界がどう見えるかに想像をはたらかせつつ
　(3) そうして解釈した相手の議論を鵜呑みにせず吟味する
　(4) サイエンスカフェよりは合意形成の場でこそこのスキルが必要となる

ということですね. 相手の立場に寄り添いつつも一歩引いて見るというか.
土：たしかにはじめは難しいと思うかもしれませんが，訓練すればできるよう

になると思いますし，訓練というより気の持ちようだけでずいぶん変わるところはあると思います．

4. 宇宙開発のロマンとクリティカル・シンキング

土：では，ちょっと具体的に例をつかって協力的なクリティカル・シンキングの方法を学んでいきましょうか．

宙：今からですか？

土：宙犬さんはさっき人類が宇宙に行く最大の理由は夢とロマンだっておっしゃっていましたよね．

宙：やっぱり何度見てもスペースシャトルやロケットが打ち上がる瞬間は感動してしまいます．最近でも，はやぶさ2がはるか遠くの小惑星リュウグウまでいってサンプルをもってきたというニュースで，科学技術はすごいなと思いました．人類の知恵や技術を結集して宇宙という未知の領域に進出していこうとするのは，純粋に夢がかき立てられるというか，ロマンを感じますね．

土：たしかに「ロマン」という言葉はしばしば宇宙開発の議論でも登場するものです．もし「ロマン」という言葉で思考停止して，ちゃんとした吟味のプロセスがはたらかないとしたら，このしくみは他の社会問題ではあまり見かけない現象です．これがクリティカル・シンキングの対象として宇宙開発がおもしろいなってわたしが思う，もう1つの理由です．この思考停止を迂回しながらうまく議論する技術が必要でしょう．

　とある対論型サイエンスカフェで「ロマンは公的有人月探査を推進する理由になるか？」がテーマになりました．賛成派は「ロマンは公的有人月探査を推進する主たる理由の1つである」と主張します．反対派は「ロマンを理由に公的有人月探査を推進することは認められない」と主張します．まずは，お互いがどういう根拠からそれぞれの主張を導いていたかを整理してみますね．ええと……

宙：ノートの次のページ，使ってください．

土：どうも．

【賛成派の理由】
理由1：人々は有人宇宙開発にロマンを感じてきたし，それは有人宇宙開
　　　発の理由になってきた
理由2：ロマンを理由とした公的有人宇宙探査は基礎科学や芸術への公的
　　　投資と同じ意義がある
【反対派の理由】
理由1：有人月探査に人々がロマンを感じているかは疑問
理由2：仮に人々が有人月探査にロマンを感じているとしても，そのこと
　　　は公的事業としてそれを行う理由にならない

こういう理由をみてどう思いますか？
宙：まず，賛成派は「人々は有人宇宙開発にロマンを感じてきた」と言ってい
　るのに対して，反対派は「有人月探査に人々がロマンを感じているかは疑
　問」と言っています．「感じ」は主観的なので，どうも自分の感覚理由にし
　たり，印象論になりそうな気がします．ここで争うと不毛になりそう……．
土：こういういろいろな論点で食い違っている論争を整理するときには，論点
　を種類分けすると便利なんですよね．どういうタイプの対立かによって，話
　のもっていきかたがぜんぜん違ってきます．わたしがよく使うのは，まずお
　おざっぱに次の4つに分けるやりかたです．

　1　言葉遣いの違い
　2　事実認識の違い
　3　価値観の違い
　4　問題の捉え方の違い

人々がロマンを感じているかどうかはどれにあたると思いますか？
宙：ロマンっていうと価値観のような気もしますけど．
土：そうですね．ロマンを感じるかどうかそのものは価値観の問題といってい
　いと思います．でも，ここは人々が，たとえば日本人がどう感じているか，

の話なので，話している人の価値観の違いではなく，事実認識の違いです．そして，事実認識の違いは，原理的には調べることでどちらが正しいかはっきりさせられるはずです．みんなに「有人宇宙開発にロマンを感じますか」というアンケートをとれば原理的には白黒つく話題です．実際，藤田智博さんと太郎丸博さんという方がやられた「宇宙開発世論の分析」というのがあって，それによると，はやぶさみたいな無人の探査と月基地みたいな有人探査を比べたときに，無人宇宙探査に比べて有人宇宙探査が特にロマンを感じさせるというわけでもないようなんですよ（藤田・太郎丸 2015，図 II-3 も参照）．実は宇宙開発分野ってこういう世論調査が少なくて，それもあってデータに基づく議論があまりできてこなかった面もあるのではないかと思うんですよね．この調査は大変参考になるので，こういうことについて議論するならぜひ見ておいてほしい内容です．

宙：そんな調査があるんですね．でも，都合よくそういう調査があればいいですけど，ないときはどうするんですか．その前に話していた，国際社会が日本に何を期待するか，みたいな問題だとあらためて調査しないといけないみたいなこともおっしゃってましたよね．

土：実際のところ，事実認識についての意見の違いで，すぐにデータを出してきて白黒つけられる話題の方が一握りだと思った方がいいですよ．特に，宇宙開発の今後なんていうのは不確定要素だらけなので，将来の見通しが違う人どうしでは「あなたはそう思うんですね」としか言いようがないことがよくあると思います．

宙：それだとせっかく議論を吟味しようとしたかいがないですね．

土：でも，直接の証拠はなくても，現時点で得られる情報をできるだけ集めて，どういうシナリオがもっともらしいかを考えることはできますよね．

宙：ただし情報ならなんでもいいわけじゃなくて，信憑性に気をつけるということでしたね．

土：そうそう，それは忘れてはいけません．そういう注意をした上で情報を集めていくと，これから有人月探査を進めることでどのくらい科学的・技術的な進展が期待できるかについて，今からはっきりしたことはもちろんわから

ないけれど，科学的なことについては過去の月探査から，技術的なことについては国際宇宙ステーションの実績などから推測することはできるわけです．で，まあ正直有人月探査がたとえば無人探査に比べて科学的・技術的にどのくらい有意義かというとあまり期待できない，という感じになると思いますが．

宙：そこはわたしとしてはもうちょっと期待したいところですが，なるほど，考え方はわかりました．ええと，話がかわるんですが，今書かれた「賛成派の理由」と「反対派の理由」をよく見ると，賛成派は「有人宇宙開発」と言い，反対派は「有人月探査」と言っています．この言葉遣いの違いは無視してもいいですか？

土：そこで話が食い違っているというほどのずれではないですが，ちょっとした捉え方の違いが言葉の端々に出ることもあるので，気に留めておいて悪いことはないと思います．さっき4つ挙げたなかでいうと，「問題の捉え方の違い」っていうのはいろいろなことを含んでいるのですが，たとえばこれなんかはそれにあたるかもしれません．つまり，一方は月探査だけでなく火星探査や宇宙ステーションの建造なども含めた有人宇宙開発全般について考えたいと思っているのに，もう一方は特に月探査について考えたいと思っている，という話題のスコープの違いです．もう少し補足すると，サイエンスカフェのテーマ自体は「有人月探査」について話し合うというテーマだったんですが，「ロマンは大事」派の人はこの問題について考える上で過去の宇宙開発全体を参考にするのが有効だと考えて，あえて広めにスコープをとったように思います．この場合，別にどっちの話をしてもいいんだけど，話がかみあわなくなることもあります．生産的な議論をする上で大事なポイントです．

宙：これはどっちかに決めちゃえばいいという感じですか？

土：もちろん，問題の捉え方は価値観などともからみあうので，そう簡単に「じゃあ今日はこの話をしましょう」といって片付かないこともあるでしょうね．たとえば，今まさに始まろうとしている有人月探査について語ることが大事なのに，漠然と有人宇宙開発全般について議論するなんて意味がない，

と思っている人は，有人月探査について論じることにこだわるでしょうね．そうすると「今話すべき問題とは何か」という，ちょっとメタな論争に移行する必要があるかもしれない．それでも，かみあった討論をしたいということだけ一致がとれていれば，話題にする範囲を決めるのはそれほど難しいことではないと思います．他に気づいたこととかありますか？

宙：賛成派の理由1の後半「それは有人宇宙開発の理由になってきた」というのは，なかなかやっかいなもののような気がします．これまでロマンは有人宇宙開発の理由になってきたというのが事実だとしても，だからといって公的事業の理由にしていいのか，と反対派の人のように正面から聞かれると，わたしもちょっと答えにつまりそうな気がします．

土：それもいい着眼点ですね．「ロマンは公的有人月探査を推進する理由になるか？」というカフェのタイトル自体，実はちょっと多義的なところがあって，事実問題としてそれを理由にしているのか，という話と，それを理由にしていいのか，という価値や規範の話のどちらともつかない表現になっていますね．それはともかく，最初に「議論」という言葉を紹介したとき，前提なり根拠なりが推論を通して結論と結びついているのが議論だ，という言い方をしたんじゃないかと思います．根拠がそれ自体としては正しくても，結論につながらない，つまり推論がちゃんとしていないなら議論としては成立しません．今指摘されたポイントは，「事実のみからは価値は導けない」というスローガンの形でまとめられていて，これはこの論点を指摘したとされるスコットランドの哲学者の名前をとって「ヒュームのテーゼ」と呼ばれたりします．「これまでそうしてきた」というのは事実，「そうするべきだ」というのは価値の領分です．

宙：つまり「ロマンが理由になってきた」という事実から「ロマンは公的事業の理由になる」という結論を導くのは，クリティカル・シンキングの観点からはアウト，ということですか？

土：そう簡単に切り捨ててしまうのは，それはそれで協力的なクリティカル・シンキングとはいえません．実はここには暗黙の前提があって，「これまでそうしてきたことはこれからもそうするべきだ」という前提を認めることが

できれば，この推論は正当化されます．

宙：でも，そういうふうに一般化すると，じゃあブラック企業もこれまでのやり方を続けていいのか，という話になりますね．

土：そう．この暗黙の前提は無条件に現状を追認せよと言っているわけで，そのまま認めると社会改革というものを全否定しかねません．でも，何らかの留保条件をつけて，「○○という条件が満たされるなら，これまでそうしてきたことはこれからもそうするべきだ」というような形にうまく修正できるなら，話はかわってきます．

宙：これってもしかして，さっき出てきた「思いやりの原理」というやつじゃないですか？

土：そうそう！「ヒュームのテーゼ」違反とか現状追認とかといって切り捨てるのは簡単だけど，切り捨てないことでお互いに対する理解も，問題に対する理解も深まる，それが「思いやり」というわけです．

宙：なるほど．ロマンなんてあやふやなものを理由にしてはいけない，と一刀両断にするんじゃなく，どういうときにはロマンを理由にすることが許されるのかを一緒に考えていこう，という方向になるわけですね．

土：じゃあ，どういうときにロマンが理由になるか，という話をもうちょっとほりさげてみましょうか．賛成派は「精神的に価値がある基礎科学や芸術に公的資金が投じられるのなら，同じように精神的価値がある有人宇宙探査にも公的資金が投じられるべき」と主張し，反対派は「夢やロマンという私的な価値観に依存した理由で公的資金（それも巨額な）を投じることは受け入れがたい」と主張していました．

宙：精神的な価値っていうと何か大事なものという感じがするのに，私的な価値観って言っちゃうと随分印象がかわりますね．

土：ポジティブな印象の言葉を使ったりネガティブな印象の言葉を使ったりして議論を有利に導こうとするのはよくある議論のテクニックなので，気をつけないといけないですね．生産的に議論するにはまずお互いの言葉遣いを整理するのが大事です．また，言葉遣いによる印象操作の影響を回避するには，中立的な表現を使うというのも大事です．この場合だと「非経済的な価値」

みたいな表現ならある程度中立的かな，と思います．

宙：どうでしょうね．「経済的」という言葉にどういう印象を持つかで「非経済的な価値」の受け止め方もだいぶ変わるんじゃないでしょうか．

土：たしかに，まったく中立的な言葉というのは難しいですね．

宙：というか，わたしもロマンは大事という立場なんですけど，精神的価値とか非経済的な価値って言われるとちょっと違うなって思うんですよね．今は宇宙に基地を作っても何の役にも立たないかもしれないけれど，千年後には今まいた種が大きな樹に育って，みんなが宇宙で暮らすようになっているかもしれない．そう考えたらわくわくするじゃないですか．そういう遠い未来の人類のために，っていうのもわたしの考えるロマンの一部で，それはある意味では物質的価値だったり経済的価値だったりするのだけれど，ただ目先の利益じゃないってだけなんですよね．

土：そういえばその対論型サイエンスカフェでも，ロマンの中身として「地球が危機的状況になった時のバックアップ」とか，「有益な資源が得られる可能性」とか，「有人探査の先に実現するかもしれない大きな利益」というのは挙げられていましたね．そして，基礎科学がいつか役に立つかもしれないという長期的な利益を理由に公的にサポートされるのであれば，ロマンを理由にした有人宇宙探査も公的にサポートされるべきというようなことが主張されていました．つまり，賛成派はロマンの一要素として，人類全体や社会全体にとっての長期的な大きな利益がえられるかもしれないということを含めていることがわかります．反対派もそのような長期的な利益と結びつく「ロマン」についてなら，公的サポートの対象になるというかもしれません．

宙：こうしてみると，「有人宇宙探査」と「有人月探査」，「精神的価値」と「私的価値」という微妙な言葉の違いや，「ロマン」という同じ言葉でもその意味するところの違いが，2つの立場の対立を生み出している可能性が高そうです．こうした言葉遣いの違いを調整するだけで，もしかしたら意見の違いはないことが判明するかもしれないですね．

土：もちろん，反対派はこの意味でのロマンさえも理由にならないと言うかもしれません．でも，その考え方を一般化すると「人類の長期的な利益になる

という理由で公的な事業を行うことは認められない」というような主張をすることになります．しかしこれでは基礎科学や芸術に対しても公的サポートは不適切ということにもなりかねません．

宙：それはちょっとどうかな，と思いますね．

土：それに対して，反対派からは，有人宇宙探査をサポートするのと，基礎科学や芸術をサポートするのでは，これこれこんなふうに違うから基礎科学や芸術へのサポートを否定することにはならない，と，さらに理由を付け加えるという答え方も可能です．たとえば芸術については「これからこんな作品を作ります」と言って計画を申請して予算を獲得するという助成のしかたは一般的ではなく，科学技術系の公的資金援助とはだいぶ仕組みが違います．

宙：人類の長期的な利益の話をしているときに，あんまりそういう仕組みの話は重要でない気もしますけど．

土：そう賛成派が答えれば，またそれに対してどうして仕組みの違いが重要かを反対派が答える，とそんなふうにして議論は深まっていくわけです．

宙：なるほど，そんなふうに考察を進めるんですね．

土：ここで使っているクリティカル・シンキングのテクニックが，「普遍化可能性テスト」と呼ばれるものです．前にみた意見の違いの4つの分類のうちに「価値観の違い」がありましたが，これは事実を調べれば決着がつくというわけにもいかず，言葉遣いや問題設定のように調整して一致させればいいというものでもありません．だから価値については議論のしようがないかというと，それもまた早計で，「これこれこういう理由でこうすべきだ」という人がいたら，「じゃあそれと同じ理由を別のところにもあてはめてみて，納得のいく答えが出るか見てみましょう」というように思考を進めることができます．こうして，挙げられた理由が普遍化可能かどうかを考えるのが普遍化可能性テストです．そうすると，「人類の長期的な利益になるという理由で公的な事業を行うことは認められない」みたいな形の一般化はどうもこのテストをパスしそうにない，というようなことがわかるわけです．

宙：さっきの話でいくと，それで相手をやっつける，ということではなく，じゃあどういう条件で公的サポートが適切になると思うのかを一緒に明らか

にしていこう，という方向で考えるわけですね．

土：そう，それが協力的クリティカル・シンキングというわけです．

宙：いろいろな話を一度にしていただいたんでちょっと頭の整理が追いつかない感じなんですけど，まとめていただけますか？

土：そうですね．

具体的な論争にクリティカル・シンキングをあてはめるときの作業の流れは，

(1) それぞれの議論を整理し，対立点を明らかにする

(2) 対立点が何についての対立か（言葉遣いか，事実認識か，価値観か，問題の捉え方か）を見定める

(3) その対立の性質に応じて対立の解消の方法を考える

   (3-1) 言葉遣いの対立なら，言葉遣いを一致させる．ただし，ポジティブなニュアンスのある言葉やネガティブなニュアンスのある言葉などがあるので，中立的な言葉を選ぶように気をつける

   (3-2) 事実認識の対立なら，間接的なものも含めて現時点で手に入る情報を集めて，それぞれの立場のもっともらしさを評価する

   (3-3) 価値観についての対立なら，お互いが理由として挙げている一般的な価値判断を他のことにもあてはめることである程度吟味することが可能（普遍化可能性テスト）

   (3-4) 問題の捉え方についての対立にもいろいろあるが，議論の対象となっているもののスコープがずれているような場合，何について話すかについて合意をとる．ただし，どういうスコープの話をするか自体が価値観を反映する場合もあるので，そこに配慮しながら何を論じるかを決める

(4) どの論点にせよ，相手をやっつけるためではなく，お互いについての理解や問題についての理解を深めるために議論しているのだという大前提は忘れない

こんな感じですかね．

5. 宇宙資源開発とクリティカル・シンキング

宙：なんとなくクリティカル・シンキングがわかってきました．宇宙にまつわ
　　る他の話題でも同じような話ができそうですね．

土：もちろん宇宙についての話題でもできますし，宇宙に限らずさまざまな話
　　題について同じ手法が適用できると思います．ただ，話の舞台が宇宙になる
　　ときの特徴みたいなものはあるんじゃないかな，というのは以前から思って
　　います．

宙：宇宙の問題に特有の考え方ということですか？

土：そうですね．地上で当たり前となっていることがそのまま持っていけない，
　　というのは宇宙開発を語る上で特別です．宇宙資源開発を例にとれば，地球
　　上の土地はほぼ誰かの持ち物で，資源採掘現場の近くの人や生態系への影響
　　を必ず考慮する必要があるといった地球上の資源採掘の常識があります．で
　　もこの常識はそのままでは宇宙資源開発には適用できない．宇宙について考
　　えるときはある意味で原理原則にさかのぼって考える必要があるという点で，
　　まさにクリティカル・シンキングの出番です．

宙：資源採掘はなんとなくそれ自体で環境を破壊するような気がしていました
　　が，そこに生態系がないなら破壊される環境もないとも言えるわけですね．

土：今日の対論型サイエンスカフェでは，「宇宙資源開発は積極的に個々のイ
　　ニシアチブで実施すべき」という積極派と，「宇宙資源開発は慎重に一般的
　　な枠組みの下で実施すべき」という慎重派で意見が交わされてましたね．

宙：そうでした．

土：慎重派はぜったいに宇宙の資源開発をしてはならないとまでは言ってはい
　　ないことに注意しましょう．それぞれがどのような根拠で主張しているのか
　　を整理してみましょう．例によって主な論点を整理してみますね．次のペー
　　ジ使いますね．

宙：どうぞ．

土：記憶にあるかぎりでまとめると，こんな感じでした．

【積極派の理由】

理由1：地球資源は有限なので，人類全体の長期的な成長という観点からは宇宙空間に資源を求めるというのは理にかなっている

理由2：日本の強みを活かせる宇宙資源利用は，資源が少ない日本にとって外交戦略カードになる

理由3：長い目でみた場合，宇宙資源開発は人類全体のライフスタイルを一変させる潜在力を秘めている

【慎重派の理由】

理由1：宇宙資源の開発競争では，国家や企業が開発の過程で衝突を起こす可能性がある

理由2：宇宙資源は希少なので，野放図に利用すると持続可能な開発が困難になる

理由3：宇宙資源の開発はごく限られた主体にのみ可能なので，そこから得られる利益が独占される恐れがある

　こんなところでしょうか．

宙：はいはい．こんな感じでしたね．だいたい主な論点は網羅されていると思います．

土：ロマンと公的有人月探査のときと同じように，対立のポイントは何で，対立を解消させるには何をしたらいいかを考えてみましょうか．

宙：言葉遣いや事実認識に差があったわけではなさそうです．宇宙資源という言葉で想定されているものも同じですし，地球の資源が有限なのも宇宙資源が希少なのも，お互いにその事実について反対するわけではなかったですしね．

土：そうですね．対立しているのはそこではないですね．

宙：違いがあるとすれば，問題の捉え方でしょうか．積極派は人類全体や国をよりいっそう発展させるという宇宙資源開発のポジティブな側面ばかり見ているのに対して，消極派は資源をめぐる衝突や，持続不可能性，独占など，ネガティブな側面ばかり見ているようです．問題の捉え方というより，ポジ

ティブな面を重視するか，ネガティブな面を重視するかという価値観の違い
と分類した方がいいのかな？　どうでしょう．

土：意見が食い違うポイントを便宜上 4 つに分類しましたが，問題の捉え方は
価値観の影響をうけるし，言葉遣いは問題の捉え方や価値観を反映したもの
になるし，実際には 4 つにきれいに分類されるわけじゃないんですよね．な
ので，価値観の違いでもあり問題の捉え方の違いでもある，というのはまあ
ありうることです．ただ，この場合は実はこれだけでは本当のところ何が食
い違っているかまだわからない，というところではないかと思います．

宙：おたがいかなりはっきり自分の立場を述べていると思いますが，どうして
まだわからないという判断になるんですか？

土：このリストだと，お互いに自分に都合のよい論点を並べているだけで，相
手の論点に対してどう考えているかわかりませんよね．たとえば，慎重派は，
現状で宇宙資源採掘を認めると独占が生じてしまうので資源利用の公平性が
保たれない，といったことを主張しているわけですが，この主張に対して積
極派の人がどう反応するかはこれだけではわかりません．そして，実は反応
のしかたによって対立のポイントも変わってくるんですよね．たとえば，特
定の国が宇宙資源を独占してもまったく問題ない，とか，多少は問題だが宇
宙資源開発の利点を打ち消すほどのことではない，といったことを積極派の
人が言うのなら，それは価値観の違いということになります．他方，そもそ
もなんらかの理由で独占は実現しないから心配しなくてよい，と主張するの
であれば，事実認識について考えが違うことになります．また，国際的な公
平性はまた別の機会に考えることにして，今回は人類にとっての宇宙資源開
発の意義を考えたい，というような答え方もありえて，これは問題設定，問
題の捉え方のレベルで立場が違うということになります．

宙：なるほど．でも，それは同じ積極派の人でもどの答えを選択するか，意見
が分かれそうですね．その場合，「積極派の意見」はどうなりますか．積極
派の人が話し合って答えをとりまとめるみたいなことが必要になりますよね．

土：積極派対慎重派という 2 つの派閥がお互い相手を言い負かそうとしている，
みたいな状況だったら，一番言い負けない戦略は何か，みたいなことを考え

て調整する必要があるかもしれませんね．でも，わたしはそういう捉え方自体に異議を唱えたいと思います．実際は積極派と一口にいっても一人ひとりいろいろな考え方があるものです．ここでまとめた積極派の3つの理由にしても，人によってはこの理由はちょっと，ということがあるかもしれませんし，一応積極派だけどある程度規制もあった方がいいという中間的な立場も十分ありえますよね．

宙：サイエンスカフェの中でも「国や企業が自由にやっていくためにもある程度のルールがあった方がむしろ上手くいく」という意見がありましたね．

土：そうそう，いろいろな考え方があるんですよね．この話題じゃないですけど，インターネットのSNS上で論争みたいなことが起きるときに，派閥間の論争みたいな捉え方をしてしまうことってよくあると思うんですよね．「有人宇宙開発派」対「無人宇宙探査派」みたいにね．でも，SNSみたいな場ではいろんな考え方を持つ人たちがそれぞれに自分の考えを発信しているだけで，みんなでまとまって1つの派閥を作っているわけじゃない（もちろん中には派閥を作っている人もいるでしょうが）．そうやってばらばらに発信されているものを派閥みたいにとらえると，「この派閥の連中は，あっちではこんなことを言っていながらこっちでは反対のことを言っている，ぜんぜん一貫していないじゃないか」みたいに見えることがあると思うんです．本当は違う立場の人が違うことを言っているだけなのに，まとめることで矛盾したことを言っているように見える．

宙：なんか思い当たることはいろいろありますね．

土：もう1ついいですか．SNSだと，検索をかければいろいろな人の意見を見ることができるわけですが，当然その中には極論に走ってしまっている人や，明らかにつっこみどころのあることを言っている人なんかも一定の比率でいるわけです．そうすると，さっきみたいに「派閥」で考えている人は，「この派閥の連中は，こんな極端でつっこみどころのあることを考えているんだ」と一般化してしまいたくなるでしょう．でも，本当は「そういう人もいる」というだけのことにすぎません．

宙：何かそれでいやな思いをされたんですか？

土：まあ個人的なことはともかく，SNS は協力的なクリティカル・シンキングを阻害する要因がいっぱいだなと常々思っているもので，すみません．

宙：まあ，でも，わかります．さっき言っていた「思いやりの原理」の多人数版みたいなことでしょうか．矛盾したことを言っているとか極端なことを言っていると解釈したくなるところをぐっとこらえて，多様な意見として好意的にとらえる，というような．

土：ああ，なるほど，そういう言い方もできるかもしれません．

宙：それはそれとして今日のサイエンスカフェの話に戻すと，似たような意見の人でも実は考え方はいろいろだ，というのはわかりましたけど，あんまりばらばらだと討論の収拾がつかなくなりませんか．

土：それが民主的な社会における意思決定というものですね．いろいろな人がいるからこそいろいろな人が議論に参加することが大事なんだと思います．そして，いろいろな考え方の中で，今ある証拠にてらしてどの事実認識が一番もっともらしいか，みんなの価値観を普遍化可能性テストのようなツールを使って整理した後で，それでも残るいろいろな価値観をどうやって調停するか，そういう観点からわれわれの進む道を決めていこうというのが，わたしの考える協力的なクリティカル・シンキングです．

宙：理想はよくわかりました．でも，生産的な議論をする上では，限定しないといけないところはあるんじゃないですか？　そういえば今日のカフェでは，「そもそも人類には宇宙資源を自由に使っていい権利なんかあるのか」みたいなとても根本的な疑問も出ていましたよね．

土：「所有とは何か」にさかのぼって考えようっていう意見を言っていた人もいましたね．

宙：そこまで根本までさかのぼってしまう人とだと，折り合いをつけながら話すのがとても難しい気がするのですが．

土：あまりやりすぎると話が進まないというのはそうですね．でも，宇宙資源についてであれ，他の宇宙開発にかかわる話題であれ，なんとなくこの辺で手を打とう，みたいなことで話を終わらせないためには，一度こういう原理的なところに戻るのは大事じゃないかと思うんですよね．この地球上ではほ

とんどの土地が誰かの持ち物だったりどこかの国の領域だったりするし，そうでない場所，たとえば南極や公海についてもすでに誰かが行ったことのある場所ばかりだし，利用のしかたについて細かい国際的な取り決めがあります．それに比べて，他の天体に行けばそもそも誰の手もついてない場所ばかりで，細かい取り決めもまだない．そうしたものに手を触れれば自分のものになるのか，自分のものだと宣言すれば自分のものになるのか，何か別の条件を満たす必要があるのか，これは地球上ではなかなか直面しない問題なわけです．

宙：落とし物と同じで，宇宙で拾ったものも持ち主が出てこなければ自分のものにしていいっていうルールとかどうでしょう．

土：持ち主はともかく，だれの所有でもないものは，労働を加えることで自分のものになる，という哲学的な理論があって，それが宇宙の資源にも適用可能かというのはおもしろい論点だと思います．ジョン・ロックという哲学者が考えたのでロックの所有の理論などと呼ばれます．

宙：拾うのも労働を加えたことになりますか？

土：ただ拾うだけだと難しいですが，たとえば資源採掘なんかはいかにも労働を加えたという感じがしますよね．

宙：それだと採掘したもの勝ちで，さっきのカフェの論争で心配されていた独占の問題とかが生じそうです．

土：この理論には続きがあって，そうやって所有が発生するのは，同じくらいよいものが十分に他の人にも残されているときだけだ，というんですね．この但し書きがつくと，今度は希少性の高い資源は採掘しようがどうしようが自分のものにはできないということになる．

宙：おもしろいですね．でも，ちょっとまってください．その理論とやらはどのくらい信憑性が高いんですか？

土：いいですね．そうやって考えないといけませんね．この理論も規範的な理論の一種なので，さきほど紹介した普遍化可能性テストを使って，いろいろな状況に当てはめたときに無理な結論が出てこないか，よく検討する必要があります．それはやればいいんですが，言いたかったのは，こういうことで

す．宇宙の資源というのはこれまで人類の手の届かないところにあったわけで，それに地球上のルールをそのまま適用していいかどうかっていうのは，単純には答えられない．そういうときには根本的すぎるように見える問いかけも役に立ったりするわけです．

宙：なるほどね．それはともかく，地球の生物には地球外のものを所有する権利は発生しないという考えはなんとなくわかる気もするんですよね．人間の決まりごとっていうのはあくまで地球のローカルルールなんだから，宇宙に持ち出しちゃいけない，みたいな．

土：それはかつての人類がお互いに縄張りを作って相互不干渉を守ることで共存してきたというような歴史の名残なのかもしれませんし，西洋諸国が世界に植民地を作っていく中で現地の生態系や文化を破壊してしまったことへの反省に由来するものかもしれません．いずれにせよ，そういう「相互不干渉」みたいな感覚の根拠にさかのぼることで，その感覚が本当に宇宙資源について考えるときの指針になるのかを判断することができます．これは，ただ主張するのではなく，何かを主張するなら根拠からの推論，つまり議論の形をとることを求める，クリティカル・シンキングの技法の使い所だと思います．

宙：なるほど．でもそうやって考えて「所有とは何か」みたいなことに答えは出るんでしょうか？

土：ある程度までやったところで「手を打つ」必要はあるかもしれませんね．でも，何もやらないよりはきっと問題への理解は深まると思います．

宙：なんかいろいろ話題があちらこちら飛んでしまいましたけど，わたしなりにまとめるとこんな感じでしょうか．

(1) お互いに自分に都合のいい論点についてしか語っていないようなとき，相手側の論点についてどう反応するかを確かめないと何が対立しているかはわからない

(2) 多人数で議論するとき，「派閥」の対立みたいに捉えると意見の多様性をみのがしてしまう可能性があるので注意

(3) 「派閥」のような捉え方は，相手の意見を矛盾したものに見せたり，極端な意見を代表的な意見だと思ったりする危険性があるので注意（思いやりの原理の多人数版）

(4) 多様な意見があるなら，無理に単純化したりせず，それぞれにどのくらいもっともらしいかを検討していくのが民主的な意思決定

(5) 根本的すぎる疑問は非生産的に見えるかもしれないが，経験のないことについて考えるには意外に役立つかもしれない

　こんなところでしょうか.

土：うまくまとめてくださってありがとうございます.

6. そもそもなぜクリティカル・シンキングなのか

宙：あの，すごく根本的なことを聞いてもいいですか？

土：はいはい.

宙：聞けば聞くほど協力的なクリティカル・シンキングって大変そうだなという気がしてきたんですけど，なぜそんな大変なことをするんでしょうね？

土：何度か言ったと思いますが，お互いを理解し，話題となっている事柄についても理解を深めるためだと思います.

宙：土撥さんがそういう理解を深めたい方だというのはよくわかるんですよ. でも，他の人はどうでしょうか？　有人宇宙開発を推進するかどうかというような論争でも，話し始める前から自分の立場は決まっていて，それを変えるつもりもなく，討論の場で相手に言い負けなければいい，という人もけっこういると思うんですよ. そういう人にとって，協力的クリティカル・シンキングなんていう面倒なことをするインセンティブというか，そういうものはあるんでしょうか？

土：うーん. 難しい質問ですね. 1つ言えそうなのは，われわれは好むと好まざるとにかかわらず，いろいろな考え方の人と一緒にこの社会で暮らしてい

かなくてはならないということです．お互いに交流を断って自分と同じ考え
方の人とだけ暮らせるのなら，自分と違う考え方の人を理解するのには興味
ない，討論している話題について理解を深めるのにも興味ない，というので
もいいのかもしれません．でも，われわれが住んでいるのは民主的な社会で，
理想としてはみんなで話し合って社会の進路を決めなくてはいけないわけで
す．また，有人宇宙開発のように大掛かりな事業は税金を投入したり，社会
的なバックアップをしたりして進める必要があるわけですが，それにも社会
的な合意が必要です．

宙：その社会的合意はお互いを理解しないとたどりつけない，と，そういうこ
　　とですか？

土：まあ，1つの考え方ですけどね．

7. 他の話題についても

土：このサイエンスカフェのシリーズだと，今後スペースデブリの話や宇宙技
　　術のデュアルユースの話を扱うようですね．

宙：ああ，宣伝していましたね．どちらもちょっと夢とかロマンとかから遠い
　　生臭い話かなと思って，参加しないつもりだったんですが．

土：こういう話題でも，議論を整理する，対立点の種類を明らかにする，対立
　　のポイントをはっきりさせ，可能なら対立を解消するために何が必要か一緒
　　に考える，という協力的クリティカル・シンキングの手法は有効だと思うん
　　ですよ．

宙：そうですよね．議論に参加してみたくなってきました．

土：こういう思考の技法についてもっと知りたい方には，こちらの本をおすす
　　めしています．（何やら本をとりだす）

宙：『科学技術をよく考える』ですか？

土：今日紹介した「思いやりの原理」とか，意見の食い違いの分類の方法とか，
　　普遍化可能性テストといった考え方はこの本で紹介されています．それから，

　この本でも宇宙開発への公的投資を討論のテーマの1つとして取り上げてあります（伊勢田他編 2013）.

宙：そうですか……どうもありがとうございます.

土：お礼を言われるようなことは何も.

宙：実は……わたしこの本の著者のひとりなんですよ.

土：え？　そうなんですか？

宙：お話をうかがっていると，われわれの本をとてもよく読み込んだ上で自分のものにしていただいているのがわかって，ちょっと感動しました.

土：ええ……そんな，先に言ってくださいよ.

文献

伊勢田哲治／戸田山和久／調麻佐志／村上祐子編 (2013)『科学技術をよく考える──クリティカルシンキング練習帳』名古屋大学出版会.

清水雄也 (2018)「宇宙倫理学とエビデンス──社会科学との協働に向けて」，伊勢田哲治／神崎宣次／呉羽真編『宇宙倫理学』所収，29〜43 頁，昭和堂.

藤田智博／太郎丸博 (2015)「宇宙開発世論の分析──イメージ，死亡事故後の対応，有人か無人か」，『京都社会学年報』23，1〜17 頁.

（伊勢田哲治・白川晋太郎）

付録　宇宙開発を大学の授業で議論しよう

☆本書を授業で使うときの構成案

　本書は教科書や副読本として大学での授業で利用することも想定しながら作成しています．ただ，そのままではどう授業に組みめばよいかわかりにくい部分も多いと思います．そこで，90分授業×15回で本書を使ってどのように授業を構成するか，1つの例を作ってみました．もちろん他にもいろいろな利用のしかたがあると思いますが，参考にしていただければ幸いです．

第一回　講義　授業の概要（第Ⅰ部第1章）
この回に第3，5，7，9回の発表担当者（グループで担当してもよい）を決めておいてください

第二回　講義　宇宙開発の現在（第Ⅰ部第2～4章）

第三回　ディスカッション　有人月探査とロマン
ディスカッションの進め方（例）
事前に発表担当者を決めておく（情報提供，賛成派，反対派）

1　情報提供担当が「ファシリテーターからの情報提供」の部分を紹介　5分
2　投票1回目　5分
3　賛成派と反対派がそれぞれの立場をまとめて紹介（議論①まで）　10分×2
4　投票2回目　5分
5　グループディスカッション（賛成派と反対派の意見についてどう思うか）　15分
6　グループディスカッションの報告　あわせて10分（グループが多い場合はいくつかのグループが代表して報告）
7　情報提供担当が「議論②」「議論③」，賛成派と反対派がそれぞれの「対論者のコメント」の部分を要約紹介　あわせて10分
8　全体ディスカッション　10分
9　投票3回目　5分
10　リフレクションシート記入（3回の投票を通して自分の意見がどう変わったか，変わらなかったか，どういうことが作用したか，などを振り返る）　5分

第四回　講義　宇宙開発の意義（第Ⅳ部，コラム「宇宙 SF の歴史と現在」）
小レポート（授業最後の 15 分程度を使って作成）
前回のディスカッションと今回の授業を踏まえ，宇宙開発にはどのような意義や価値があると思うか自分なりにまとめてみてください．

第五回　ディスカッション　宇宙の資源開発
進め方は第三回と同じ

第六回　講義　宇宙開発を議論するスキル（第Ⅵ部）
小レポート（授業最後の 15 分程度を使って作成）
前回のディスカッションと今回の授業を踏まえ，宇宙資源利用推進の賛成派と反対派の意見の相違はどういう相違なのか（言葉遣い，事実認識，価値観，問題の捉え方）を自分なりにまとめてください．
この第六回ごろに，第十一回以降のテーマを選定し，担当を決定する

第七回　ディスカッション　宇宙技術のデュアルユース
進め方は第三回と同じ

第八回　講義　宇宙開発の歴史と展望（第Ⅲ部，コラム「宇宙の軍事利用と安全保障」）
小レポート（授業最後の 15 分程度を使って作成）
前回のディスカッションと今回の授業を踏まえ，これからの宇宙開発はどうなっていくか，とくに安全保障利用は今後大きくなっていくと予想されるかどうか，自分なりの考えをまとめてみてください．

第九回　ディスカッション　宇宙ゴミ
進め方は第三回と同じ

第十回　講義　宇宙開発の科学技術コミュニケーション（第Ⅴ部）
小レポート（授業最後の 15 分程度を使って作成）
前回のディスカッションと今回の授業を踏まえ，宇宙ゴミ問題についての議論に市民が参加することにどういう意義がありうるか，自分なりにまとめてみてください．

第十一回〜第十五回　ディスカッション　自分たちで対論型サイエンスカフェをやってみよう！
対論型サイエンスカフェの進め方（例）

事前に発表担当者を決めておく

ファシリテーター　中立的な情報の提供と司会進行

賛成派／反対派　決められたテーマについて，それぞれの立場を紹介し，質問に答える

注意：ファシリテーター，賛成派，反対派は1チームとなってサイエンスカフェを企画してください．賛成派と反対派は議論の上では対立する立場になりますが，うまく協力しないと対論自体がうまくいきません．特に，限られた時間を有効に使えるよう，誰が何について紹介するかを事前に分担してください．

1　ファシリテーターが背景の情報を提供　5分

2　投票1回目　5分

3　賛成派と反対派がそれぞれの立場を紹介　5分×2

4　投票2回目　5分

5　全体ディスカッション（賛成派と反対派に対する質疑応答）　10分

6　グループディスカッション（賛成派と反対派の意見についてどう思うか）　15分

7　グループディスカッションの報告　あわせて10分（グループが多い場合はいくつかのグループが代表して報告）

8　全体ディスカッション　10分

9　投票3回目　5分

10　リフレクションシート記入　5分

☆対論型サイエンスカフェのテーマの例

　授業内での対論型サイエンスカフェのテーマは自由に選んでもらえばいいと思いますが，テーマの例があった方が考えやすいでしょう．そこで，いくつかカフェのテーマとなりそうなものを考えてみましたので参考にしてみてください．なお，以下で例として挙げるテーマの構成や参考文献は本稿執筆時点（2021年3月）での情報に基づいていますが，これらの話題はいずれも急速に状況が変化するテーマなので，カフェを企画する際の最新の情報を参照するよう注意してください．

テーマ1　有人宇宙開発なんかやめて無人宇宙探査に力を注ぐべき？

賛成派　有人宇宙開発は科学的な成果に乏しいので，無人宇宙探査に研究資金をそそぐべきである．

反対派　有人宇宙開発は未来につながる研究なので，無人宇宙探査と並行してきち

んとすすめていくべきである.

準備の上で参考になる文献・資料

・寺薗淳也（2014）『惑星探査入門——はやぶさ2にいたる道，そしてその先へ』
朝日選書.

テーマ2　今後月や他の惑星へむかう宇宙飛行士の放射線被曝は地上よりも許容されるべき？

賛成派　宇宙は放射線が満ちた場所であり，地上と同様の放射線量管理の考え方は
適用できない．宇宙飛行士はそれをわかった上で志願しているので問題な
い．

反対派　宇宙であれ地上であれ，放射線被曝の人体の影響そのものは変わらないの
で，放射線量管理の考え方も同じであるべき．志願しているからといって
放射線被曝を容認するのは非人道的である.

準備の上で参考になる文献・資料

・「月面の宇宙放射線は地表の200倍，月面滞在は2ヶ月が限度か？」，『ニューズ
ウィーク日本版』オンライン記事，2020年10月6日．https://www.newsweekjapan.
jp/stories/world/2020/10/200-22.php

・「宇宙飛行士の放射線被ばく量の上限を，NASAが引き上げようとする理由」，
『WIRED日本版』オンライン記事，2021年2月17日．https://wired.jp/2021/02/17/
nasa-wants-to-set-a-new-radiation-limit-for-astronauts/

テーマ3　日本が有人宇宙開発を進めて行く上で，アルテミス計画に参加すべき？

賛成派　日本が有人宇宙開発をする上では，米国の主導するアルテミス計画に積極
的に参加し，人的・技術的貢献をしていくべきである.

反対派　日本は有人宇宙開発をするとしても，独自に宇宙開発の計画を立てて自国
が主導して進めるべきである.

準備の上で参考になる文献・資料

・NASAによるアルテミス計画の紹介（英文）．https://www.nasa.gov/specials/artemis/

テーマ4　アメリカの軍事用に開発されたGPSは使ってもいいの？

賛成派　もとがなんであれ，GPSそのものは一般に使われているものだし，便利
なので使ってよい.

反対派　軍事用に開発されたものをみんなが利用するのは軍事研究を追認すること
になるので使うのをやめ，最初から民生用に開発された測位衛星を利用す

べきである．

準備の上で参考になる文献・資料

・米国政府による GPS についての解説（英文）．https://www.gps.gov/
・神崎宣次（2018）「宇宙開発におけるデュアルユース」，伊勢田哲治／神崎宣次／
　呉羽真編『宇宙倫理学』所収，113〜126 頁，昭和堂．

テーマ 5　危険な民間宇宙旅行は規制すべき？

賛成派　民間の宇宙旅行といっても安全性に政府は責任を持つべきであり，政府機
　　　　関が行ってきたこれまでの宇宙開発と少なくとも同程度の安全性があるこ
　　　　とが確認されないかぎり，許可するべきではない．

反対派　民間宇宙旅行の安全性の基準は政府機関が行う宇宙開発と同列に論じるこ
　　　　とはできない．宇宙旅行の参加者はリスクを理解して参加するのであるし，
　　　　産業振興という観点からも，民間宇宙旅行にあまり厳しい規制を課すべき
　　　　ではない．

準備の上で参考になる文献・資料

・杉本俊介（2018）「宇宙ビジネスにおける社会的責任」，伊勢田哲治／神崎宣次／
　呉羽真編『宇宙倫理学』所収，165〜180 頁，昭和堂．
・呉羽真（2018）「有人宇宙飛行に伴う生命と健康のリスク」，伊勢田哲治／神崎宣
　次／呉羽真編『宇宙倫理学』所収，104〜106 頁，昭和堂．

テーマ 6　衛星コンステレーションは「光害」をもたらすので制限すべき？

賛成派　大量の衛星を打ち上げてリンクさせて利用する「衛星コンステレーショ
　　　　ン」は，地表からの宇宙観測などに写り込む「光害」をもたらすので規制
　　　　をかけるべきである．

反対派　衛星コンステレーションは利便性が高く，宇宙観測が不便になるという程
　　　　度の理由で規制をかけるべきではない．

準備の上で参考になる文献・資料

・Hall, S.（2019）‘As SpaceX Launches 60 Starlink Satellites, Scientists See Threat to
　‘Astronomy Itself’’, *New York Times*, Nov, 11, 2019（英文）．https://www.nytimes.
　com/2019/11/11/science/spacex-starlink-satellites.html
・秋山文野（2019）「夜空を「汚染」するスターリンク衛星の光害問題」，『ニュー
　ズウィーク日本版』オンライン記事，2019 年 6 月 4 日．https://www.newsweekja
　pan.jp/stories/world/2019/06/post-12259.php

テーマ7　宇宙太陽光発電の研究はどんどん進めていくべき？

賛成派　宇宙太陽光発電は電力問題を解決する夢の技術であり，研究への投資をどんどん進めるべきである．

反対派　宇宙太陽光発電は実現したとしてもまったくエネルギー問題の解決につながる見込みはなく，むしろ既存の技術を推進すべきである．

準備の上で参考になる文献・資料

・JAXA ウェブサイト「宇宙太陽光発電システムについて」．https://www.kenkai. jaxa.jp/research/ssps/ssps-ssps.html

・後藤大亮（2016）「宇宙太陽光発電研究開発の新たなシナリオ／ロードマップ」，『宇宙太陽発電』1，8～15頁．https://www.jstage.jst.go.jp/article/sspss/1/0/1_8/_pdf/-char/ja

・後藤大亮（2017）「SSPS 研究開発シナリオ（初版）の紹介」，『宇宙太陽発電』2，10～14頁．https://www.jstage.jst.go.jp/article/sspss/2/0/2_10/_pdf/-char/ja

テーマ8　人類は将来的に宇宙に移住していくべき？

賛成派　人類は地球というゆりかごを脱出し，コロニーや他の天体へと移住していくべきである．

反対派　人類はあくまで地球上でこそ生きられる存在であり，無理にコロニーや他の天体に移住する必要はない．

準備の上で参考になる文献・資料

・呉羽真（2018）「政治哲学から見た宇宙政策」，伊勢田哲治／神崎宣次／呉羽真編『宇宙倫理学』所収，71～86頁，昭和堂．

テーマ9　惑星改変ができるようになったら積極的にやるべき？

賛成派　人類はゆくゆくは他の惑星に移住することになるので，人類にとって利用しやすいように他の惑星を改変していくことはありうる．

反対派　それぞれの惑星は固有の自然を持っており，みだりに改変することは許されない．

準備の上で参考になる文献・資料

・岡本慎平（2018）「惑星改造の許容可能性」，伊勢田哲治／神崎宣次／呉羽真編『宇宙倫理学』所収，143～158頁，昭和堂．

テーマ10　宇宙で暮らすために人体を改造するのは許される？

賛成派　人類が今の体のままで宇宙へ進出するのは困難があるので，積極的に人体

を改造し，宇宙で暮らしやすい体にするべきである．

反対派　人類の体は人類にとって本質的なものなので，みだりに改造することは許されない．

準備の上で参考になる文献・資料

・稲葉振一郎（2016）『宇宙倫理学入門』ナカニシヤ出版．

（伊勢田哲治）

あとがき

　宇宙開発に興味があって，ひととそれについて語り合いたい，でも何についてどう語り合ったらいいかよくわからない．そんなあなたのために作られたのが本書です．詳細は「はじめに」で説明したので「あとがきから読む派」の人もそちらを見てほしいのですが，本書は，これ一冊あれば宇宙開発についての「対論型サイエンスカフェ」（がどういうものかは本文を参照）を自分でも始められる，そういうハンドブックにもなることを目指した欲張りな本になっています．宇宙開発の歴史や現状についての知識だけであればもっと詳しい本もありますが，対論型サイエンスカフェのやり方や実際のサイエンスカフェでの議論の様子などまで紹介することで，まず類書のないユニークで実践的な本になったのではないかと思います．

　このユニークな本は，研究助成をいただいて行ってきた研究プロジェクトの成果として実現したものです．これを私たちは「宇宙科学技術社会論（SSTS：Space Science and Technology Studies）」プロジェクトと呼んでいます．具体的には，日本学術振興会科学研究費補助金・挑戦的研究（開拓）「宇宙科学技術の社会的インパクトと社会的課題に関する学際的研究」（研究期間：2018 年 7 月〜 2023 年 3 月，研究代表者：呉羽真，課題番号：20K20317）に基づく研究成果の一部です．

　本書の執筆者（そして SSTS プロジェクトのメンバー）のうち，伊勢田・磯部・大庭・神崎・呉羽・玉澤（途中からは近藤・杉谷も）は，2015 年頃から共同で，宇宙開発に関する研究を行ってきました．過去の主な成果として，以下の 2 点があります．

(1) 伊勢田哲治／神崎宣次／呉羽真編『宇宙倫理学』昭和堂，2018 年.
(2) 呉羽真／伊勢田哲治／磯部洋明／大庭弘継／近藤圭介／杉本俊介／玉澤春史『将来の宇宙探査・開発・利用がもつ倫理的・法的・社会的含意に

関する研究調査報告書』京都大学 SPIRITS：「知の越境」融合チーム研究プログラム・学際型プロジェクト「将来の宇宙開発に関する道徳的・社会的諸問題の総合的研究」，2018 年．https://www.usss.kyoto-u.ac.jp/wp-content/uploads/2021/02/booklet.pdf

⑴は，現実的な問題から SF 的な問題まで，宇宙をめぐる倫理的問題について専門的な倫理学の観点から幅広く考察した研究書（論文集）で，「宇宙倫理学」という分野の基本的な問題や思考法を学ぶことができます．⑵は，宇宙開発の「ELSI（科学技術の倫理的・法的・社会的含意／課題 ethical, legal, and social implications / issues)」について論じた報告書で，コンパクトながら宇宙開発をめぐっていま生じている現実的な問題を一望できます[1]．

　SSTS プロジェクトでは，私たちの宇宙開発に関するこれまでの共同研究と比べて，宇宙開発のあり方については研究者のような専門家だけでなく市民が議論していくべきだ，というスタンスを明確に打ち出し，そのための知識と方法を論じました．このために科学コミュニケーションの専門家を中心に新たなメンバー（一方井・菊地・白川・寺薗・寺山・吉永）を加え，研究グループを組織し直しました．こうして対論型サイエンスカフェを始めとする，新しい取り組みを実施することができました．カフェの様子の一端は本書第 II 部で紹介されていますが，この部分が本書の 1 つの目玉となっていることは，本書をすでに読んでいただいた方たちにはおわかりいただけるのではないかと思います．

　とはいえ，本書を含むここまでのプロジェクトでは実現できなかったこともあります．その 1 つに，市民が議論した結果出てきた意見をどう宇宙政策に反映させるか，という課題があります．また，本書で述べてきたように宇宙開発をめぐる言説では「ロマン」が強調されることがありますが，こうした語り方が宇宙開発の負の側面や現実的な課題を覆い隠してしまう面があり，それに対処するには本書（第 VI 部）で述べたクリティカル・シンキングに加えて，よ

---

1) この他にも SSTS プロジェクトのメンバーは個別に宇宙開発に関する研究成果を発表しています．これらについては，同プロジェクトウェブサイトの研究成果ページ（https://sites.google.com/view/ssts2018/ 成果）をご覧ください．

り成熟した科学リテラシーが求められるとも考えられます．いずれも非常に困難な課題ですが，みんなで議論して宇宙開発のあり方を決めていくためには，今後向き合っていかなければならないものです[2]．

　本書を作成する中で繰り返し実感したのは，宇宙開発をめぐる情勢の展開の速さです．本書の校正作業中の 2022 年 2 月には，ロシアのウクライナ侵攻に伴い，宇宙開発に関連するニュースが次々に舞い込んできました．たとえば，ロシアの国営宇宙公社ロスコスモスの総裁であるドミトリー・ロゴジン氏が，ロシアに対する各国の経済的制裁を受けて，各国がロシアとの協力関係を断つなら，国際宇宙ステーション（ISS）が軌道を離れたときに地上への落下の危機を誰が救うのか，という趣旨の発言をしたこと，それに対してスペース X 社のイーロン・マスク氏がその危機を救う者として名乗り出たことが報じられました[3]．また同社は，ウクライナ副首相の呼びかけを受け，ロシア軍に通信インフラを破壊されたウクライナの地域で小型人工衛星群から成る衛星インターネット「スターリンク」のサービス提供を開始したことも報じられています[4]．これらのニュースは，いま宇宙開発をめぐって生じている変化を象徴していると考えられます．

　本書でも随所で述べてきたように，宇宙開発はその当初から軍事・安全保障と深く結びつく仕方で進められてきましたが，その一方で「宇宙の平和利用」という理念を掲げてもきました．特に ISS 計画は，ソ連崩壊後にロシアが参加したという経緯から，「国際協調と平和の象徴」とも言われてきました[5]．宇

---

2) ここで述べた課題は，2022 年 2 月 20 日に SSTS プロジェクト主催で開催したイベント「宇宙科学技術社会論フォーラム──宇宙開発をみんなで議論するために」にて，ゲストコメンテーターの佐藤靖氏（新潟大学），横山広美氏（東京大学），池辺靖氏（日本科学未来館）に指摘いただいたものです．

3) 秋山文野（2022）「国際宇宙ステーションは「ロシア不在でも落下しない」3 つの理由……イーロン・マスクも反論」，『BUSINESS INSIDER JAPAN』2022 年 3 月 7 日．https://www.businessinsider.jp/post-251368（2022 年 3 月 22 日閲覧）

4) 青葉やまと（2022）「ウクライナでスターリンク衛星通信が提供開始　イーロン・マスクへの要請からわずか 10 時間半で」，『ニューズウィーク日本版』オンライン記事，2022 年 3 月 1 日．https://www.newsweekjapan.jp/stories/world/2022/03/10-154.php（2022 年 3 月 22 日閲覧）

宙の軍事化に伴って，この理念が空洞化していることはほとんど明らかになってきていたとはいえ，今回関係者によって ISS を人質にとるような発言（実際は ISS が落下する危険は少なく，ロゴジン氏の発言はプロパガンダと受け取るべきものですが[6]）が行われたことは，ISS 計画の建て前が公然と否定されたことを意味しており，ショッキングな出来事だと言えます．また，ウクライナおよび国際秩序の危機に応じたマスク氏の言動は，民間の起業家こそが今後の宇宙開発を牽引するキーアクターであって，その影響力はもはや一国の命運をも左右しうるほどに達している，ということを如実に示すものであり，その動向から目が離せません．

　このようにいま激動のさなかにある宇宙開発について，多くの，そして多様な人々が考え，議論していくことが求められており，本書の出版は絶好のタイミングだったと言えるでしょう．また，そうした議論の土台を築くに当たって，情勢の変化をリアルタイムで追跡し，また様々な専門分野の視点から議論できるグループの存在がいかに貴重であるかも，改めて深く認識しました．

　もう 1 点，本書作成中のエピソードとして触れたいのは，本書の執筆・編集作業が新型コロナウイルス感染症の大流行，いわゆる「コロナ禍」の只中で進められたことです．ソーシャルディスタンシング戦略のために対面の集会を行うことができなくなり，プロジェクトの進捗にも影響が出ました．特に対論型サイエンスカフェをオンライン開催に切り替えることには，苦労がありました．とはいえ，オンライン化にはメリットもありました．最も顕著なメリットは，普段大都市圏で開催されることが多い科学技術コミュニケーションのイベントに，地方在住の人が容易に参加できるようになったことです．私たちは非対面形態で生じるデメリットに目をやりがちですが，科学技術コミュニケーションが真に誰でも参加できるものとなることを目指すならば，オンライン開催がその基本形態になっていくのは（コロナ禍が続くかにかかわらず）むしろ正しい方向と言えるかもしれません．

---

5) 第 II 部の議論その 1「有人月探査とロマン」参照．
6) 秋山（2022）．

　本書の出版およびその土台となる SSTS プロジェクトには多くの方に協力いただきました.

　まず, 5 度にわたって開催した対論型サイエンスカフェや, 2022 年 2 月にプロジェクトの成果報告のために開催した企画「宇宙科学技術社会論フォーラム——宇宙開発をみんなで議論するために」に参加してくださった方々には, SSTS プロジェクトに不可欠な貢献をしていただきました. サイエンスカフェでの議論は(実際の発言に修正を加えつつも)第 II 部に収録させてもらいました.

　同フォーラムにてゲストコメンテーターを務めてくださった佐藤靖氏(新潟大学), 横山広美氏(東京大学), 池辺靖氏(日本科学未来館), および本プロジェクト主催の研究会で講演を行ってくださった板倉史明氏(神戸大学), 鈴木明子氏(宇宙航空研究開発機構)および上記の佐藤氏と横山氏には, 有益な知見を提供していただきました. また, 私たちの研究チームでカバーしきれなかった宇宙の軍事利用と安全保障については, ヴェルスピレン　カンタンさんにコラムを寄稿いただきました.

　京都大学大学院文学研究科応用哲学・倫理学教育研究センター(CAPE)には, SSTS プロジェクトの事務局を置かせてもらいました.

　名古屋大学出版会の神舘健司氏には, プロジェクトのミーティングにも参加してもらい, 編集者として本書の構成や内容について適切な助言をいただきました.

　以上の方々に, この場を借りてお礼を述べさせていただきます.

2022 年 3 月

　　　　　　　　　　　　　　　　　　　　　　　　　　編　者

索　引

執筆者一覧 (執筆順)

呉羽　真（奥付参照。はじめに，第Ⅰ部1・2・4章，第Ⅱ部議論その1，コラム「宇宙科学・探査」，第Ⅳ部ははじめに）

杉谷　和哉（岩手県立大学総合政策学部講師。第Ⅰ部1・3章）

近藤　圭介（京都大学大学院法学研究科准教授。コラム「宇宙開発のための国内外のルール」，第Ⅱ部議論その2）

一方井祐子（金沢大学人間社会研究域准教授。第Ⅱ部，第Ⅴ部1・2・4章）

玉澤　春史（京都市立芸術大学美術学部客員研究員。第Ⅱ部，第Ⅴ部）

磯部　洋明（京都市立芸術大学美術学部准教授。第Ⅱ部議論その1・4，第Ⅳ部2章）

寺薗　淳也（合同会社ムーン・アンド・プラネッツ代表社員。第Ⅱ部議論その2，コラム「宇宙ビジネス」，第Ⅴ部3章）

大庭　弘継（京都大学文学研究科研究員。第Ⅱ部議論その3）

神崎　宣次（南山大学国際教養学部教授。第Ⅱ部議論その3，コラム「宇宙環境問題」，第Ⅳ部1章）

ヴェルスピレン　カンタン（Verspieren, Quentin）（東京大学公共政策大学院特任講師。コラム「宇宙の軍事利用と安全保障」）

菊地　耕一（東京大学未来ビジョン研究センター客員研究員。コラム「宇宙の軍事利用と安全保障」訳，第Ⅲ部ははじめに・2〜4章）

伊勢田哲治（奥付参照。第Ⅱ部議論その4，第Ⅵ部，付録）

寺山のり子（元京都大学文学研究科研究員。第Ⅲ部1章）

稲葉振一郎（明治学院大学社会学部教授。コラム「宇宙SFの歴史と現在」）

吉永　大祐（早稲田大学理工学術院助手。第Ⅴ部2章）

白川晋太郎（福井大学教育・人文社会系部門講師。第Ⅵ部）

《編者紹介》

くれ は　まこと
呉羽　真

1983 年生まれ
2011 年　京都大学大学院文学研究科博士課程単位取得退学
2014 年　京都大学より博士（文学）取得
現　在　山口大学国際総合科学部講師
著　書　『宇宙倫理学』（共編，2018 年，昭和堂）
　　　　『人類はなぜ宇宙へ行くのか』（共著，2019 年，朝倉書店）
　　　　『人工知能と人間・社会』（共著，2020 年，勁草書房）他

い せ だ てつじ
伊勢田哲治

1968 年生まれ
1999 年　京都大学大学院文学研究科博士課程単位取得退学
2001 年　メリーランド大学より Ph. D. (philosophy) 取得
　　　　名古屋大学大学院情報科学研究科准教授等を経て
現　在　京都大学大学院文学研究科教授
著　書　『動物からの倫理学入門』（2008 年，名古屋大学出版会）
　　　　『科学技術をよく考える』（共編，2013 年，名古屋大学出版会）
　　　　『宇宙倫理学』（共編，2018 年，昭和堂）他

宇宙開発をみんなで議論しよう

2022 年 6 月 30 日　初版第 1 刷発行

定価はカバーに
表示しています

編　者　　呉 羽　　真
　　　　　伊 勢 田 哲 治

発行者　　西 澤 泰 彦

発行所　一般財団法人 名古屋大学出版会
〒 464-0814　名古屋市千種区不老町 1 名古屋大学構内
　　　　　　電話(052)781-5027 / FAX(052)781-0697

ⓒ Makoto Kureha *et al.*, 2022　　　　　　　Printed in Japan
印刷・製本　㈱太洋社　　　　　　ISBN978-4-8158-1091-7
乱丁・落丁はお取替えいたします。

伊勢田哲治 / 戸田山和久 / 調麻佐志 / 村上祐子編
科学技術をよく考える
―クリティカルシンキング練習帳―
A5・306 頁
本体2,800円

伊勢田哲治著
疑似科学と科学の哲学
A5・288 頁
本体2,800円

伊勢田哲治著
認識論を社会化する
A5・364 頁
本体5,500円

伊勢田哲治著
動物からの倫理学入門
A5・370 頁
本体2,800円

黒田光太郎 / 戸田山和久 / 伊勢田哲治編
誇り高い技術者になろう［第二版］
―工学倫理ノススメ―
A5・284 頁
本体2,800円

久木田水生 / 神崎宣次 / 佐々木拓著
ロボットからの倫理学入門
A5・200 頁
本体2,200円

W・ウォラック他著　岡本慎平 / 久木田水生訳
ロボットに倫理を教える
―モラル・マシーン―
A5・388 頁
本体4,500円

H・コリンズ他著　奥田太郎監訳
専門知を再考する
A5・220 頁
本体4,500円

吉澤剛著
不定性からみた科学
―開かれた研究・組織・社会のために―
A5・326 頁
本体4,500円

小林傳司著
誰が科学技術について考えるのか
―コンセンサス会議という実験―
四六・422 頁
本体3,600円

大西晃他編
宇宙機の熱設計
B5・332 頁
本体18,000円

國分征著
太陽地球系物理学
―変動するジオスペース―
A5・292 頁
本体6,200円